旱涝碱综合治理及节水灌溉技术研究

焦恒民　著

黄河水利出版社

·郑州·

图书在版编目(CIP)数据

旱涝碱综合治理及节水灌溉技术研究/焦恒民著. —郑州:黄河水利出版社,2019.9

ISBN 978 - 7 - 5509 - 2482 - 6

Ⅰ. ①旱… Ⅱ. ①焦… Ⅲ. ①干旱 - 灾害防治 - 研究 - 中国②水灾 - 灾害防治 - 研究 - 中国③盐碱土改良 - 研究 - 中国④农田灌溉 - 节约用水 - 研究 - 中国 Ⅳ. ①P426.616②S156.4③S275

中国版本图书馆 CIP 数据核字(2019)第 180686 号

出 版 社:黄河水利出版社　　　　　　　　　　网址:www.yrcp.com
　　　　　地址:河南省郑州市顺河路黄委会综合楼 14 层　邮政编码:450003
发行单位:黄河水利出版社
　　　　　发行部电话:0371 -66026940、66020550、66028024、66022620(传真)
　　　　　E-mail:hhslcbs@ 126. com
承印单位:虎彩印艺股份有限公司
开本:890 mm × 1 240 mm　1/32
印张:6.125
字数:136 千字
版次:2019 年 9 月第 1 版　　　　　　　印次:2019 年 9 月第 1 次印刷
定价:40.00 元

前　言

　　我自 1960 年从河北水电学院农田水利专业大专毕业之后,先后在河北省水科所龙治河旱涝碱综合治理试验站(地点在深县后营村)、河北水利专科学校农场(地点在沧州市北郊)和衡水地区水利局工作,一直从事旱涝碱综合治理及节水灌溉技术的科学试验与研究,且大部分时间是在第一线。几十年来,各项研究工作均取得了一些成果。其中,有的成果已在国家和省级刊物上发表过,有的在推广应用中又有不少改进提高与发展,比如用折算年费用最小法设计最优经济管径问题,实践证明这个方法是完全正确的,但过去提出的计算方法有些烦琐,基层水利人员学习应用有些困难,如今我本着简单、实用的原则进行了改写;有的还没有发表过,其中有一篇还是最新的研究成果。

　　而今,我已年逾八十,为了不辜负党和人民长期的培养教育与养育之恩,不辜负以重病之身全力支持我的工作,牺牲自己、承担起全部家务,而早早离世的我的爱人,也为了不违我几十年来,一片赤诚,孜孜以求,以自己的全部精力献身于农田水利事业的初衷,从 2018 年开始,我便将自己一生中所取得的成果,凡我认为具有一些创新点并对农田水利事业有用的文章,一一进行了整理,并结集出版,希望将它们留给国家和人民,留给我们的后人,以供他们在工作、学习和研究中参考。

作　者

2019 年 4 月

目 录

第一章　以深沟为主,排灌结合, 综合治理旱涝碱,排灌工程的 规划设计施工与管护运用

　　1958 年,河北省大量引蓄地表水发展农田灌溉,由于有灌无排、建筑物不配套、土地不平、大水漫灌和渠系渗漏,引起地下水位大幅度上升、沥涝和盐碱地的大发展。1962 年,河北省政府召开了专门的治碱会议。会后,河北省水利厅决定在全省建立 2 个旱涝碱综合治理试典工程区,同时建立 2 个旱涝碱综合治理试验站。龙治河旱涝碱综合治理试典工程区和龙治河旱涝碱综合治理试验站便是其中之一。该试典工程区位于深县(现为深州市)南部,区内耕地面积 20 万亩❶。试典工程区还把 5 排支控制范围作为"典型试验区",其耕地面积为 2 万亩。龙治河旱涝碱综合治理试验站所在的后营村,便位于典型试验区内。该工程于 1962 年规划设计,1963 年春开始施工。试典工程仅完成了部分工程,便遇到了河北省1963 年的特大洪水、1964 年的特大沥涝和 1965 年的大旱年。工程发挥了综合治理旱涝碱的显著效益,受到了当地干部群众的好评,也在外界引起了强烈的反响,受到了各级领导的高度重视。1965 年 7 月,衡水地区行署在衡水召开了衡水地、县、社三级干部共800 多人的"除涝治碱规划会议",大力推广

---

　　❶　1 亩 =1/15 hm² ≈666.67 m²,下同。

深县后营综合治理旱涝碱和深县县委、政府采用领导、技术人员、群众三结合的方法对龙治河流域田间工程进行规划的经验。会后，衡水地区各县遵照衡水地委行署的统一部署，均按流域完成了本县的除涝治碱规划或旱涝碱综合治理规划。其中，深县县委、政府从 1965 年 5 月至 9 月，按流域分 5 次连续完成了全县的旱涝碱综合治理规划，而我作为技术负责人一直参与这项工作。从 1965 年开始，随着根治海河工程和各地（市、县）与之配套工程的大规模建设，龙治河旱涝碱综合治理试典工程区的经验得到了大面积推广。概括起来，在 20 世纪 60 年代，龙治河旱涝碱综合治理试典工程区在排灌工程的规划设计施工与管护运用方面所取得的经验主要有以下几条。

一、盐碱地的形成

首先，什么是盐碱地？当耕作层土壤内的含盐量超过干土重的 0.2%，且已经抑制农作物的生长时，人们就把它称为盐碱地。土壤中盐碱越重，含盐量越多，轻盐碱地土壤的含盐量为 0.2% ~ 0.4%，而重盐碱地和碱荒地的含盐量则超过 0.6%。

深县的盐碱地里，含有哪些盐碱呢？一是氯化钠，也就是食盐；二是硫酸钠，医药上叫芒硝，可用作泻药，工业上叫皮硝，是一种工业原料，可用来硝皮革；三是硫酸镁，也叫泻盐，医药上也用作泻药；四是卤，就是盐卤、卤水，也就是点豆腐的卤，是氯化镁、硫酸镁和氯化钠的混合物，以上这些都属盐类。我们所说的碱中，有碳酸钠（就是碱面）和碳酸氢钠（就是小苏打）。深县的盐碱地所含的盐碱，主要是盐、硝、卤，也就是盐类,实际上是盐地,含碱很少,基本上没有碱地。因此,我们下面讲的盐碱地的改良,都是针对盐地来讲的。

盐碱是从哪里来的呢? 岩石里本来就含有这些盐分。山上的岩石,经过风吹、日晒、雨淋、冰雪的冻融、热胀冷缩,逐渐风化变成沙粒、泥土,其中的盐碱也就分离出来。当然,风可以吹走它们,但因为这些盐分都溶于水,所以它们便随水而走。总之,盐是随水而来的。所有的天然水中都含有盐。

据测试,当洪水暴发时,洪峰的含盐量一般为 0.2 g/L 左右,也就是 2‰ 左右;洪峰过后,河水的含盐量一般在 5‰ 左右;衡水地区深层水的含盐量基本都为 0.8 g/L,也就是 8‰;人饮用的淡水也有人叫甜水,其含盐量一般都在万分之几;雨水的含盐量一般为十万分之几,为什么雨水里也含盐呢? 因为空气中有尘埃。如果水中的含盐量超过 2 g/L,即 2‰,便叫咸水了。人们又常把 2 ~ 5 g/L 的咸水叫微咸水。深县的浅层地下水,其矿化度(也就是含盐量)变化很大。如后营村东不碱的耕地下面,其浅层地下水的矿化度多为 1 ~ 3 g/L,而村北和村东北多年的老盐碱地下面,其浅层地下水的矿化度多为 10 ~ 20 g/L。海水的含盐量最高,如渤海海水的含盐量达 35 g/L。

衡水地区的盐碱地是怎样形成的呢? 衡水处于旱涝交替的半干旱半湿润季风气候区,多年平均降水量达 500 多 mm,水面蒸发量达 1 300 多 mm,降水量年内分配不均,70% 的降水集中在 6、7、8 月三个月,降水的年际变化也很大,降水量最大的年份有 1 000 多 mm,最小的年份仅 200 多 mm,还有连年干旱和连年沥涝的情况发生。这样的气候是衡水地区旱涝灾害经常发生的原因,也是盐碱地产生的原因之一。降雨集中形成了沥涝和洪水,为盐分向这里的低洼地带搬移和集中创造了条件,而干旱又使水分在这里大量蒸发,水分蒸发走了,水中所含的盐分便留了下来,这就使这里的土壤和地下水中集聚了越来越多的盐分。

盐碱地形成的第二个原因是地势低洼、径流不畅。当沥涝和洪水发生时,这些洪沥水就从上游沿地面流来了,到当地就流不动了,因为没有排水出路,往下渗可以吗? 浅层地下水也很快抬高到了与地面一样高;再往下渗行吗? 1965 年,后营在地里打了三眼深井,发现深层地下水的水位比浅层地下水的水位还高,其中一眼深井,它的水位比当地的地面还高,形成了自流井。这说明,过去这里的浅层地下水不但不能往下渗,而且下面的深层地下水还要往上渗。1964 年,我们在龙治河试典工程区做了普查,从绘出的浅层地下水位图上可以看出,浅层地下水位也跟地面一样,西高东低,看来浅层地下水也是由西向东流动的。但我认为,当地好多地方的浅层地下水基本上是不流动的。比如,后营村北的浅层地下水,其矿化度都在 10 ~ 20 g/L,而村东好地下面的浅层地下水,其矿化度仅 1 ~ 3 g/L,彼此仅相距几百米,后营的盐碱地,其历史可能相当久远了。如果浅层地下水每年自西向东哪怕流动 1 ~ 2 m,那么,村东好地下面的地下水矿化度也就不是 1 ~ 3 g/L 了。这就是说,当地不仅地表水径流不畅,地下水也径流不畅。所有的水来到这里之后,没有别的出路,只有蒸发。

这里盐碱地形成的第三个原因,也是最重要的一条原因,就是土壤中埋藏的浅层地下水蒸发强烈。当地表的积水蒸发完后,土壤中的水分和浅层地下水便开始蒸发,土壤中的水和地下水为什么能来到地面被蒸发走呢? 在这里我们就得讲毛细管和毛管水,也就是土壤的颗粒之间总有小的间隙,这个间隙很小,我们形容它就像毛一样细,从下到上称为毛细管,这些毛细管里的水就叫毛管水。毛管水不像地球上的物体一样受地球的引力,只能由上向下坠落,它可以克服地球的引力由下向上流动,当然,它也可以向侧向流动。那么,它是靠什么力呢? 它靠的是表面张力。什么叫表面张力呢? 让我们给一个玻璃杯盛上水,大家仔细看一下就会发现,挨着玻璃杯内壁的水比杯中的水面稍高一点儿,为什么呢? 这就是表面张力的作用。如果杯子越来越细,最后细得像毛细管一样,那么,其里面的水受表面张力的作用,便不断地向上爬升。不同的土壤,其颗粒大小不一样,它的毛细管的粗细也不一样。黏土的颗粒最细,它的毛细管也最细,它的毛管水爬升得最高,但由于它太细了,毛管水爬升得很慢;沙土的颗粒最粗,它的毛管水爬升得最低;沙壤土的颗粒比黏土大,但比沙土小,因而它的毛管水爬升得也高,虽然没有黏土的毛管水爬升得高,但比黏土爬升得快得多。在挖的排水沟坡上,有一层层的黏土和沙壤土,我们看到黏土层的表面经常是干的,而沙壤土的表面经常是湿的,这是为什么呢? 就是因为黏土表面的水分蒸发了以后,它的毛管水流动得很慢,后面的水分供应不上;而沙壤土的毛管水流动得快,表面的水蒸发掉了,后面的水分又供应上来了,能源源不断地供给蒸发。这就是黏土地不容易碱,而沙壤土地最容易形成盐碱地的原因。但总的来说,地下水埋藏越浅,它蒸发得越快越多。水分蒸发走了,水中的盐分便留在地表面。如果地下水长期离地表面 1 m 左右,即使地下水是淡水,耕地也会变成盐碱地。干旱季节,地下水大量蒸发,地表积盐,而当雨季来临,雨水又会溶解土壤表层的盐分向下渗,抬高了地下水位,又使地下水中的盐分增加,矿化度提高;而当雨季过后,干旱季节来临,埋藏的浅层地下水又会强烈蒸发,地表又会积盐。同样的蒸发,地下水含盐越多,矿化度越高,地表的积盐就越快越多,土壤的盐碱程度就越重。

以上这三条,便是当地盐碱形成的根本原因。

二、改良盐碱地的措施

知道了当地盐碱地形成的根本原因之后,对症下药,改良当地盐碱地的办法就很容易找到了。当今,还没有办法改变当地旱涝交替的气候,但在地上"做文章",解决当地的洪水和旱涝盐碱问题,还是有办法的。自1958年以来,河北省在滹沱河和滏阳河上先后修建了岗南、黄壁庄、东武仕等许多水库,并从1965年开始,每年组织几十万民工,对海河水系的各大干支流,逐条开挖深槽、展宽河道、加高加固堤防,一方面防治洪水,让像滹沱河这样的大河不再泛滥决口和改道;另一方面,又为各地排沥排咸、除涝治碱开辟了排水出路。当地盐碱地形成的第二个原因不是地势低洼、径流不畅吗?那么,我们改良盐碱地就大搞排水工程,不仅开挖一条条骨干河道,而且开挖支、斗、农、毛等田间排水系统,以便及时地排除雨季大量的沥水,使农作物免于受涝。同时,让径流把当地的盐分一起带走,让盐随水来,再让盐随水去。比如,1964年7月19日,龙治河流域降雨147.8 mm,以后又降了好几场大暴雨,据西大章测站测试,自7月21日至9月30日,龙治河排水2 400万 m^3,排盐4万 t;五排支排水987.7万 m^3,排盐1.1万 t。这些水的平均矿化度分别为1.67 g/L和1.11 g/L。另外,当地不是由于地势低洼、地表水与地下水均径流不畅,造成了地下水位高,并由于历史上多年的积累,造成了地下水含盐多、矿化度高,是埋藏的浅层地下水强烈蒸发形成了这里的盐碱地吗? 那么,我们就开挖一条条排水深沟,不仅排除地表水,还排除地下咸水,降低地下水位。排水沟越深,它排除地下咸水也越快,地下水位也就降得越深,排水沟控制的范围也就越宽,改良盐碱地的效果也会越快越好。龙治河五排支的挖深大部为 2.7 ~ 3.2 m,从 1963 年洪水过后,到 1965 年全年,五排支排除地下咸水的水流就一直没有间断过;经过 1963 年洪水和 1964 年一次次暴雨的淋洗,到 1965 年,五排支挖深 2.7 m 处、两侧 100 m 内的盐碱地已经变好,而挖深达 3.2 m 处的五排支西侧,在 300 m 的范围内,盐碱地减少了 74%。总的来说,改良盐碱地的第一条措施就是搞好排水工程,排沥排咸、降低地下水位。

改良盐碱地的第二条措施是灌水抗旱,既满足了农作物对水分的需求,又能压盐洗盐,加速盐碱地的改良。过去,在没有排水工程的条件下,单纯发展渠灌,灌后地下水位大幅度提高,地下水强烈蒸发,引发了盐碱地的发展。这一方面,自1958 年以来,我们是有深刻教训的。那时,大力发展渠灌,不仅有灌无排,而且灌水渠系上建筑物不配套、土地不平,大水漫灌,加上灌水干支渠长期过水,渠水严重渗漏,两侧地下水位大幅度提高,促进了盐碱地的大发展。如今情况不同了,我们是在优先搞好排水工程的条件下发展渠灌的,或者说,排灌结合、共同发展。在龙治河旱涝碱综合治理试典工程区内,排灌支渠都是并列布置的,四干一分干渠的南侧,又挖了截渗沟,基本上解决了渠系渗漏引起的两侧地下水位抬高的问题。农田灌水之后,地下水位抬高了,现有的深排水沟排除了地下咸水,降低了地下水位。农田灌水之后,不仅满足了农作物对水分的需求,解决了抗旱问题,还可压盐洗盐、加速盐碱地的改良。如 1965 年春灌前的 3 月,龙治河五排支排水 3 802 m^3,排盐 6 990 kg,而春灌期的 4 月,排水量增至 42 509 m^3,排盐量增至 60 350 kg,分别增加 10.2 倍、7.6 倍。

改良盐碱地的第三条措施是平整土地。我们的耕地里有好多盐斑,有的几平方米,有的十几平方米,也有的几十平方米。周围的地不碱,庄稼能保全苗,而盐斑地上,一年到头,总是光秃秃的,什么都不长。为什么呢? 就是因为土地不平,盐斑上的地面比周围高出 7 ~ 8 cm,或者十几厘米。因为它高,到下雨时,一部分雨水从盐斑上往下渗,也把地表上的盐碱往下淋洗,但到下暴雨时,就有一部分水沿着地面流到周围较低洼的地上去,那里积水较深,也在那里往下渗,把那里土壤中的盐分向下淋洗得较为充分,那里的地下水位也就相对高一些。盐斑地上的水分向下渗得少,其下面的地下水位要相对低一些,周围的地下水便很自然地向盐斑下汇聚。到水分蒸发时,情况却恰恰相反,周围不碱的地上长满了庄稼,一部分土壤水分被农作物吸收利用了,另外地上有农作物覆盖,地表土壤水分的蒸发必然会大大减少,地表的积盐自然也会少得多;而盐斑地上一年四季都是光秃秃的,无遮无盖,其土壤水和地下水便在这里大量蒸发,大量的盐碱便留在这里表层的土壤中。到农田灌水时,也是这样,由于盐斑处地面较高,或者灌不上水,或者只灌一薄层水,其后果也像降雨一样。这就是盐斑上盐碱那么多的原因。因此,我们要改良这些盐斑,就必须平整土地,以便在灌水和降雨时,水量分布比较均匀,都能较好地淋洗盐碱,并最终把这些地下咸水通过排水沟排走,使盐碱地彻底改良。

盐碱地改良的第四条措施,是采用干耕、干耱、干锄、倒拉锄不留脚印,使地面保持一层干土的一整套盐碱地耕作技术。由于土壤的毛细管都是由土粒间小的间隙连接而成的,通过干耕,即利用无铧的犁在地表浅串一遍,干锄也一样,都是为了在地表形成一层干土块,把毛细管割断,抑制毛管水的强烈蒸发,既保了墒,又抑制了返盐。除此之外,还要尽量多施有机肥,使土壤保持团粒结构、松散不板结,这样也能减弱毛管水的运行。

三、规划原则

规划原则,就是我们要搞一个什么样的规划,要遵守哪些原则,怎样做规划。我认为,规划要遵照以下几条原则。

(一)要制订一个旱涝碱综合治理的规划,要制订一个以深排水沟为主的排灌路林相结合的规划

我们要及时排涝,改良盐碱地,要防止原来不碱的土地在渠灌之后变为盐碱地,都必须做好排水。因此,我们要首先开挖排水工程的干、支流,打通排水出路,为排沥排咸、降低地下水位创造条件。旱涝碱之间是有内在联系的,排灌工程也是相辅相成的。排水工程为灌溉的发展创造了条件,而灌水工程又加速了盐碱地的改良。因此,规划不能单打一,单纯地做排水规划和灌水规划都是不妥的。除此之外,还要把排灌渠道的规划与道路和林带的规划结合起来,统一规划。道路有村镇之间的道路,村与村之间的道路,还有田间路。道路与排灌渠道交叉处要规划桥梁或涵洞,排灌渠道施工时要把桥涵建起来,既不能渠断路,也不能路阻水。排灌工程修完之后,要随即把林带搞起来。

（二）要制订一个因地制宜的规划

各地的地形地貌不同、土质不同,地下水的埋深与矿化度不同,盐碱地轻重不同,也就是它存在的问题不同,因而对排水沟的沟深、沟距的要求不同,对排水沟的边坡和底宽的要求也不同。我们要摸清情况,找准问题,对症下药,科学治水。不能不分情况,照搬照抄别人的经验。因地制宜,并不是说各村可以各自为政。不同的村之间相邻的地块、上下游、左右两侧,要互相协调好,统一规划,要考虑对方的需求,跨越两个村的一条排灌渠道,要同时开工,按时完工。因地制宜,也不是说相邻两个村的排灌渠道,可以顺着彼此的地边,拐来拐去,弯弯曲曲。

（三）要制订一个高标准的规划

要防止两种错误倾向的发生。一种错误的倾向是,盐碱很重,但一听说排水沟要挖那么深,土方量那么大,就憷头。在规划和施工时,尽力把排水沟挖得浅一些,把边坡挖得陡一些,把底宽挖得窄一些。结果,排水沟挖了以后,不能排除地下咸水,不能降低地下水位,几年之后,盐碱地没有多大变化,使群众丧失了信心,认为排水沟也改良不了盐碱地。另一种错误倾向是,排水沟不分情况,要求间距、深度等各种规格都整齐划一,这种思想也是错误的。

（四）要一次规划,分期实施

要做一条,成一条;做一片,成一片。要一气呵成,不留半拉子工程。要既有愚公移山、锲而不舍的决心和毅力,又有实事求是、量力而行、严谨的科学态度。盐碱地重的村,一般人均耕地较多,要先易后难,首先治理不碱和轻碱的耕地,一般工程量较小,见效较快,要先把这里的排灌路林等各项配套工程搞好,把它变为旱涝保收的稳产高产田,然后再向中盐碱地和重盐碱地进军,逐步扩大范围。改良重碱地和碱荒地,一般工程量较大,投入较多,在没有充足的淡水进行冲洗改良时,一般见效较慢。当短期无力顾及它时,可以先把它利用起来,比如种植红荆和枸杞等创收,这也叫把改良盐碱地和利用盐碱地结合起来。然而,过去有些村不是这样。他们恨透了盐碱地,一说改良盐碱地,他们先拿重碱地和碱荒地开刀,因为这里只长红荆,他们总把红荆和盐碱地联系起来,把红荆同盐碱地一样视为"我们的仇敌"。因此,他们改良这些盐碱地先把这里的红荆通通刨掉。结果由于工程标准低、措施不力或不到位,盐碱地长期得不到改良,红荆地变成了光板地。其实,红荆本来是同盐碱地斗争的"勇士",当各种农作物和树木都不能在重碱和碱荒地上生存时,它仍然能够在那里茁壮地成长,为人们做着自己的贡献。红荆是被这些村民们给冤枉了,希望大家今后不要再干这样的傻事。

四、要摸清情况,科学地划分土壤改良分区

要制订好规划,首先要摸清情况,要分清本地本村的哪一方地,它属于什么地貌,是什么土质,它的沥涝和盐碱的轻重,需要解决的主要问题是什么,需要采取什么措施,要做排水,需要采取什么样的沟深、沟距等。据我了解,根据深县当前的情况和问题,基本可以划分为 5 个不同的土壤改良分区,具体情况见表 1-1。

表 1-1　不同自然条件下的土壤改良分区

地貌	土质	涝碱程度	需采取的措施	末级排水深沟		条田沟	
				沟深（m）	沟距（m）	沟深（m）	沟距（m）
缓岗、微斜高平地	沙土或沙壤土（白土）	不涝、不渍、不碱	灌水抗旱，防止土壤次生盐碱化		700～1 500		
微斜低平地	沙壤土（白土）	轻涝、轻渍、不碱或轻碱	除涝防渍，改碱或防止土壤次生盐碱化	2.4～2.7	400～500	1.0	80～100
		重涝、重渍、中碱	除涝、防渍，改良盐碱地		300～400	1.0	50～60
		重涝、重渍、重碱或碱荒			200～300	1.0～1.5	40～50
	黏土（黑土）或沙壤土夹中位中层胶泥	重涝、重渍、不碱或轻碱	除涝、防渍，改碱或防止土壤次生盐碱化	1.8～2.1	400～500	1.0	50～80

　　缓岗、微斜高平地，地势较高，土壤多为沙土或沙壤土。这里地高路低，一条条道路或人行道都成了冲沟、排沥的通道。深县北部的老百姓常说："多年的媳妇熬成婆，百年的大道走成河。"就是这种地貌所特有的自然景观。这里地下水位较深，矿化度不高，土地不涝、不渍、不碱，它的问题就是需要灌水抗旱，并要防止渠灌后抬高了地下水位引起土壤盐碱化。

这里原来的道路,也就是排沥的冲沟,往往不规整,在建设灌渠时,有的冲沟被截断了,有的被填平了,道路重新规划了。在这种情况下,就要每隔 200～300 m 挖一条 0.5～1.0 m 深的排水沟,以便解决排涝问题;灌水时,要采用较小的畦子,灌水定额可采用 40～70 m³/亩,以防灌后地下水位抬高。除此之外,每隔 700～1 500 m 还要挖一条排水深沟,以控制地下水位。在这里也不需要搞条田。

另外,浅平洼地或槽状洼地,有的短期积水,有的季节性积水;有的为沙土,有的为黏土;有的不碱,有的为重碱或碱荒地。因为情况差异很大,面积都很小,所以,未单独列入土壤改良分区,应针对具体情况,采取措施改良或利用。

沙壤土夹中位中层胶泥,即表层为沙壤土,在地下 0.5 m 左右夹有 20～30 cm 或更厚的胶泥层。

五、干、支渠的规划

在试典工程区内,北端的灌水干渠是四干一分干,南端的排水干渠是龙治河,排灌干渠之间距离为 7 000～8 000 m,地形西高东低,在南北方向上虽有起伏,但南端和北端的海拔高程基本上是相等的。为了使南端和北端的耕地都能自流灌溉,大部分灌水支渠都是由西北向东南方向布置的。过去,我们在大型地表水灌区规划时经常遇到这种情况,一条条灌水支渠都是斜向的,还往往美其名曰"鱼刺形",不知道它有什么问题。直到我来到试典工程区后,下到各个村,与广大群众接触、调查,才发现广大群众对这种"鱼刺形"的意见是多么大。因为我们各个村的耕地都是南北向的方田,每一条支渠从西北向东南这样一过,就把沿途每一个方田都切成了两个三角形,这三角形的地块耕作和运输都十分不便。遇上这类问题,到底应该怎样办呢?我想出了一个办法,那就是加密排灌干渠,譬如把排灌干渠间的距离缩短到 4 000 m,让各条支渠都南北走向,把灌水支渠的纵坡尽量往小设计,比如1:10 000或1:12 000,再把支渠的水位设计得高一点,这样问题就解决了。现在这里的问题就不好解决了,因为灌排渠道的干、支渠都已经形成了,整个格局都已经定了。这个格局最初是1958 年定的。那时候,一方面技术力量薄弱,另一方面在"大跃进"中,定得比较仓促。

六、斗农渠田间排灌工程的规划与设计

有了不同自然条件下的土壤改良分区(这是对各个地块的原则要求),还要根据这个原则,把每一条排灌斗农渠落实到地面上,才能照此施工,把原则理论变为现实。由于这里的地势是西高东低的,南北向的排灌农渠可以并列布置;如果在南北方向上坡向一致,排灌斗渠也可以并列布置;如果南北方向上地形有起伏,排灌斗渠可以相间布置,灌水斗渠布置在高处,排水斗渠布置在低处,彼此都双向控制。

如果在东西两条支渠之间,比如东西长 2 400 m、南北长1 200 m 的地块内,其土质和盐碱程度相同或相近(假如都为沙壤土和重碱地),而地形又比较平坦,坡向一致,那么,我们在这块地上可加密排斗,把它作为末级排水深沟,如果间距定为300 m,则可布置 4 条排斗,总长 9 600 m,总土方量 144 000 m³。

每条田间路都沿灌斗或排斗东西向布置,整个地块上基本没有跨深沟的涵管;假如我们在地块的南端或北端布置一条排斗,而在地块内再每隔300 m 布置 1 条排农,则共需布置

南北向的 7 条排农,每条长 1 200 m,排农的总长为 8 400 m,
再加上 1 条长2 100 m 的排斗,则排水深沟的总长为 10 500
m,共需开挖的土方量为 157 500 m³,较上述方案多开挖深沟
长 900 m,多开挖土方13 500 m³;除此之外,在南北长 1 200 m
的地块内,最少要布置 2 条东西向的田间路,该方案最少还要
多埋穿越排农的涵管 14 座。也就是说,在这样的条件下,采
用加密排斗,不要排农,排水深沟只搞干、支、斗三级布置,可
以节省许多土方量和桥涵。

　　在上述这么大的地块内,土质和盐碱程度大不相同。比
如,东半部为黏土,不碱或轻碱,而西半部为沙壤土,为重碱或
碱荒地。那么,在这种条件下,再采用加密排斗,干、支、斗三
级布置就不妥了。因为下游(东部)为黏土,不碱或轻碱,排
水深沟只需要 1.8 ~ 2.1 m,间距 400 ~ 500 m 才需 1 条;而上
游(西部)为沙壤土,为重碱或碱荒地,排水深沟需 2.4 ~ 2.7
m,间距每 200 ~ 300 m 就需 1 条。如果每条排斗按东部的深
度和间距去挖,则西部的盐碱地改良不了;如果每条排斗按西
部的深度和间距去挖,那么,东部就要多挖许多土方,多占不
少耕地。这显然是不妥的。在这种条件下,排水深沟就应该
采用干、支、斗、农四级布置,在这块地的南端或北端(地势较
低的一端),按照上游改良盐碱地的需求,只挖 1 条较深的排
斗过去,而后在东半部和西半部各按自己所需的沟深、沟距开
挖排水农沟,从而真正做到了因地制宜。

　　除此之外,末级排水深沟的底宽,沙壤土可采用 1.0 m,
黏土可采用 0.5 m;边坡沙壤土可采用 1:2,黏土可采用
1:1.5。排斗的边坡与底宽可与排农相同,但在干、支、斗、农
四级布置时,排斗的挖深宜比排农深 0.2 ~ 0.3 m,排支比排

斗深 0.2～0.3 m。

七、条田的规划

1964 年汛期,试典工程区降雨达 600 多 mm,隔几天就下一场大暴雨,没有排水工程的微斜低平地上,虽无积水,但地下水位长时间与地表齐平,土壤中水分长时间饱和,晚玉米只有 1 尺❶多高,秋季完全绝收。又因龙治河排沥标准偏低,1964 年降雨过大过多,深排水沟里也长期维持半沟水,两条排水深沟之间,离排水深沟较远的地方,也不同程度地受灾。这是因为农作物在生活过程中,其根部随时进行着呼吸,吸收空气中的氧气,呼出二氧化碳。平时,土壤中的水分存在于土壤的团粒结构和毛细管中,而空气则存在于土壤的团粒结构之外和较大的非毛细管孔隙中。一旦土壤中的水分过多甚至饱和,作物的根部缺乏氧气,呼吸困难,从而减弱了根系对水分和养分的吸收;又因土壤缺氧,还会产生一些有毒的物质,使根系中毒,农作物的正常生命活动便遭到抑制或破坏。这种情况对一般农作物来说,若只有 3～4 d 还好些,一旦时间过长,农作物便会严重减产甚至绝收。对于这种现象,水利上称作渍害,农民则叫农作物受托。1964 年汛后,大家通过总结分析,便决定在排水深沟间再增加一级浅沟,沟深一般为1.0 m,间距多为 50～60 m,或 50～80 m,边坡沙壤土地上均为 1:1,黏土地上均为 1:0.75;底宽沙壤土地上均为 0.5 m,黏土地上均为 0.3 m。对于这些浅沟,农民们把它们叫作条田沟,在水利上实际上是一级排水毛沟。

---

❶　1 尺 ≈0.33 m,下同。

八、排灌建筑物的规划与设计

深县中、南部都属于石津灌区,各级灌水渠道及建筑物都由石津灌区结合当地水利部门共同设计,而后层层报批,由国家投资、当地农民投劳而建。这次水利规划中的建筑物主要是田间排水工程上的桥涵。由于资金十分紧缺,一般排支上建的是桥梁,排斗上建的是涵洞,两端为浆砌石或砌砖;排农上为涵管,多采用混凝土管,管径为 0.8 m,两端不砌护。为了节省混凝土管,涵管上方铺土时,后营采用一层红荆一层土的办法。条田沟均顺耕作方向,到地头上,由一条横沟把它们连接起来,进出田间、横跨条田沟时,为了节省资金,后营用红荆编成管埋在条田沟中。当条田沟中的水排入深沟时,为防止冲地淤沟,可用水泥砂浆和焦砖砌成跌水、陡坡或竖井。

九、排灌工程的施工与管护

以深沟为主的排灌工程有三大缺点:一是用工多;二是占地多;三是排水深沟容易塌坡,清淤管理任务大。在规划设计和施工管护中,应尽力让它发挥最大的效益,同时,千方百计,努力缩小它的缺点,或者把它的缺点所带来的损失减到最小。为了减少它的占地,在条田沟的施工中,把挖出的土都平到地里去,沟的两侧只留两个畦埂;排水深沟挖出的土,都平成整齐的台田;排灌并列的支、斗渠,排水深沟挖出的土,也都放到灌渠一侧,修筑灌渠后剩下的土,都平成整齐的台田;村镇之间和村与村之间的道路,一般都修在排灌渠道之间,田间路一般都修在排水或灌水沟渠的一侧;排灌渠道及道路两侧和台田上都因地制宜地种植各种乔木,让排灌渠道及道路的占地都变成了林地,同时,林带又保护了排灌渠道和道路。为了防止和减少排水深沟的塌坡淤积,开挖深沟挖出的土所修成的台田,都离开排水沟上口 1 m 以上,中间保留一个平台,以减轻排水沟坡的土压力;排水深沟两侧的平台上及排水沟坡的上半部,盐碱较重的地方可种满红荆,盐碱较轻的地方可种满紫穗槐。这样一方面利用这些土地增加了收入,另一方面,这些灌木的枝叶遮盖了沟坡,使沟坡可以避免暴雨的冲刷;同时,这些灌木的根系又可稳固排水沟坡上的泥土,减轻排水沟坡的坍塌和排水沟的淤积。

十、排灌工程的运用

有了排灌工程之后,如何充分利用这些工程,让它最大限度地发挥效益,尽快地改良盐碱地,这是摆在大家面前的一个新课题。但人们的认识往往有分歧。1967 年春灌前,对盐碱地上应该灌大水还是灌小水,就有两种不同的意见,最后决定通过灌水试验来统一认识。试验设置了两组对比、几个重复。即一组为每亩灌水 80 m³,另一组为每亩灌水 120 m³。但灌水时,每亩灌水 120 m³ 的一个重复中,灌过水后,因渠道跑水,又重复灌了一水,等于又出现了每亩灌水 240 m³ 的一组对比。灌水前后定点取土化验资料证明,每亩灌水 80 m³,土壤脱盐深度只有 5 cm,用无铧的犁浅串以后,地表面出现了一层干土块,当时从表面看效果不错,但棉花播种恰播在土块下面盐分集中的湿土里,结果棉花均不出苗,盐斑依旧;每亩灌水 120 m³ 的一组,土壤脱盐深度为 20 cm,脱盐率为32.5% ~ 67.0%,棉花保苗 70% ~80% ;而每亩灌水 240 m³ 的一组,土壤脱盐深度达 40 cm,脱盐率达 54.2% ~ 88.5% ,棉花苗全苗壮。

　　这个试验结果在调查研究中也得到证实。后营村南紧靠村子的一方地,盐碱很重,1967 年新挖了条田沟,平整了土地,又用大拖拉机深耕 20 cm,春灌时,因大拖拉机耕过的地土壤十分松散,灌水时自然水量很大,估计最少也在每亩 100 m³以上。1967 年,这块地也种的棉花,结果棉花出苗很全,长得很好,大家都认为这块盐碱地是被改良好了。因此,1968 年春,他们对这块地未用大拖拉机深耕,灌水量也较小,约为每亩 80 m³,用无铧的犁浅串以后,也是表面一地干土块,但棉花播种后原为盐斑的地方,棉花就是不出苗,原来的盐斑又露出了原形。前后对比,问题的原因也很容易讲清楚。每年春天,盐碱地的盐分总是集中在地表,上大下小,用牲畜或小拖拉机犁地,不仅耕得浅,土层也只是翻转 90°,而用大拖拉机犁地,它把 20 cm 的土层翻转了 180°,使含盐多的表土层翻到地层下 20 cm 处,接着再灌大水,一下子把大量的盐碱压到了地层 20 cm 以下去了。因此,原来的盐斑地上,也保了全苗。而 1968 年,以为盐碱地已经变好,既未用大拖拉机深耕,灌水量又小,压盐深度只有 5 cm 左右,因此原来的盐斑地不出苗就是很自然的事了。

第二章 垂直排水冲洗改良盐碱地、抽咸灌淡改造地下咸水及利用咸水灌溉试验研究报告（1974—1976 年）

1974 年,河北水利专科学校(以下可简称"河北水专")承担了河北省黑龙港地区地下水开发利用中"咸水利用"这项科研任务(那时我在该校工作),有关领导把一部分任务交给我,分给我试验费 5 000 元,要我在校办农场中做试验。该农场在沧州市北郊,南运河与津浦路之间。过去,这里被称为沧州市的"北大荒",土地中盐碱很重。1973 年以前,农场和附近社队均利用南运河水种稻,水旱轮作改良盐碱地。后来,河水来得越来越晚,附近社队便在运河来水之前,利用地下浅层淡水育秧插秧,部队农场则打深井种稻。河北水专的农场,浅层地下水是咸水,又无深井,显然,再种稻是不行了。1974 年春,确定做咸水利用试验后,我选了农场西南部的 52 亩地。这块地 7~10 m 的地下水矿化度西南角在 2 g/L 左右,东北角达 10 g/L,中间大部分在 4~6 g/L。4 月初,我们在这块地里共打了 9 眼真空井,抽取不同矿化度的地下咸水浇小麦,做了几组小区对比试验。同时,用这些井中 2~5 g/L 的咸水将全场 60 亩小麦普浇了两遍,结合追了化肥,小麦总产 12 600斤,平均亩产 210 斤,比不浇水增产 30%~40%。

小麦增产了,但耕层土壤盐分普遍增加。这里地下水埋藏浅、矿化度高,盐碱地发展得很快(过去种一季稻,只能维持

1～2 年全苗)。也就是说,在这里单纯浇咸水,显然是不行
的。于是,我决定麦收以后,放弃一季晚田,整好田间工程,待
南运河汛期来水后,利用这些真空井抽排咸水,同时引河水在
地面淹灌,即继续进行"垂直排水冲洗改良盐碱地和抽咸灌淡
改造地下咸水"的试验。1974 年,从 8 月 11 日至 9 月 6 日,平
均每亩灌入淡水(包括降雨)608 m^3,排走咸水 607 m^3,除去灌
水的含盐,每亩净排盐 2.5 t 以上。使 2 m 土层平均含盐量由
0.2%～0.53%下降至 0.05%～0.07%,脱盐率达 66.4%～
87.9%;表层地下水(1～2 m 内)矿化度由 4.23～9.6 g/L 淡
化至 1.92～2.96 g/L,淡化幅度 36.2%～75.6%;7～10 m 处
的地下水(真空井水)矿化度由 3.2～9.5 g/L,淡化至 2.2～
4.95 g/L,淡化幅度 9.2%～47.9%。

　　土壤的大幅度脱盐和地下水的大幅度淡化,不仅避免了
盐碱的危害,而且为更多地利用咸水灌溉创造了条件。1975
年,全场 80 亩小麦普浇 1～3 次咸水,总产 24 000 斤,几乎比
1974 年翻了一番,平均亩产 300 斤。其中,经过垂直排水冲
洗改良过的麦田,苗全苗壮,春季又用咸水浇了 3 次,结合追
肥,平均亩产 400 斤,其他小麦也用咸水浇了 1 次,平均亩产
231.2 斤。

　　1975 年汛期,我们继续做抽咸灌淡试验。由于 1974 年打
的真空井大部塌孔,剩下的 2 眼也难于长久维持,因此在 7 月
初又打了 2 眼锅锥井。从 7 月 31 日至 9 月 3 日,平均每亩灌
淡水(包括降雨)636 m^3,排走咸水 760 m^3,减去灌水含盐,每
亩净排盐 2.31 t。2 m 以上土层含盐由 0.05%～0.07%下降
至 0.02%～0.04%,脱盐率 20.4%～60.7%;表层地下水
(1～2 m)矿化度由 1.92～2.96 g/L 淡化至 0.48～1.04 g/L,

淡化幅度 57.3% ~ 79.5% ;7 ~ 20 m 地下水矿化度由 3.2 ~ 5.91 g/L 降至 2.4 ~ 4.23 g/L,淡化幅度 18.8% ~ 28.4%。除此之外,为了进行对比,我们还对另外 50 亩台田进行了冲洗改良,每亩灌水 460 m³,也使 80 cm 土层脱盐,脱盐率 35.7% ~ 81.0%。

1976 年,全场 100 亩小麦,总产 37 000 斤,为 1974 年的 3 倍,平均亩产 370 斤。其中,52 亩试验田,经过两次垂直排水冲洗改良,春季又灌了两次咸水,平均亩产 400 斤;另外 48 亩小麦,经过水平排水冲洗改良,春季也灌了 1 ~ 2 次咸水,平均亩产 337.5 斤。麦收以后,试验田中种了 30 亩晚玉米(其他为豆类和蔬菜),平均亩产 400 斤。也就是说,52 亩试验田,在 2 ~ 3 年的时间,由重碱地全部变为良田,单产由 200 ~ 300 斤提高到 800 斤以上(见表 2-1)。

整个试验,是在河北水专校党委的领导和大力支持下进行的。1975 年春,正当我们的试验缺乏经费无法进行的时候,校党委把省教育局给的 5 000 元科研费全部给了农场。在 2 年多时间内,许多教师亲自参加了农场的试验工作。如物探教师张廉钧,亲自为农场进行电法勘测;地质教师陆铮积极参加了抽水试验的计划、组织领导和资料整理工作;咸水灌溉中土壤盐分的化验,大部分是由化验室郑鸣庄、张维彦、杨晓平等老师做的;1975 ~ 1976 年的试验中,测水量水、水质测定等各项观测工作,是由地质教师顾福琛完成的;冲洗改良的土样和咸水利用部分土样的全盐测定工作,是我和顾福琛一起完成的。此外,农场的全体干部职工和全校广大的师生员工在打井洗井、安电、改建与整修渠道、平整土地、灌水排水以及许多观测工作中,付出了大量的劳动。

表 2-1　河北水专农场 1974～1976 年小麦生产分析

年份(年)	全场总面积(亩)	单产(斤/亩)	全场总产(斤)	其中试验田				其他田				说明
				治理措施	小麦面积(亩)	单产(斤/亩)	总产(斤)	治理措施	小麦面积(亩)	单产(斤/亩)	总产(斤)	
1974	60	210	12 600	1972年曾种稻,浇两次咸水	50.0	210	10 500	1971年曾种稻,春季浇两次咸水	10	210	2 100	1.一般每年都用运河水对小麦进行冬灌和返青灌; 2.1976年秋季试验田中,30亩晚玉米平均亩产400斤
1975	80	300	24 000	经过垂直排水冲洗改良盐碱地,春季浇三次咸水	32.6	400	13 040	1973年种稻,春季浇一次咸水	47.4	231.2	10 960	
1976	100	370	37 000	经过两次垂直排水冲洗改良,春季浇两次咸水	52.0	400	20 800	经过水平排水、冲洗改良,春季浇1～2次咸水	48.0	337.5	16 200	

另外,当时许多物料和电力供应紧张,我们也得到了沧州市水利部门和电力部门的大力支持。

试验期间和试验结束之后,我先后写过两份报告:一是1974年12月,我写了《垂直排水冲洗改良盐碱地、抽咸灌淡改造地下咸水及利用咸水灌溉阶段试验资料简报》,二是1975年11月,我写了《抽咸灌淡改造地下咸水和咸水利用试验研究阶段报告》,都曾经学校领导审批之后印发有关单位。但是,后来我发现,由于印的份数少,许多同行都说没有见到过。另外,由于我们搞的这项抽咸补淡、改造地下咸水的试验,不属于河北省定的 9 个试区的范围,因此 1978 年 3 月,河北省《综合治理旱涝碱咸》编写组,在编写《综合治理旱涝碱咸(1974—1977 年科研成果)》时,也未包括它。

1975 年以来,我先后考察过沧州市孙庄子、曲周张庄、束鹿王口、吴桥杨家寺、南皮乌马营等抽咸补淡的试区,并阅读过他们的一些总结或报告,我从中学到了许多东西。许多单位在这方面做了大量的工作,取得了显著的成绩。和上述几个试区比较,水专农场的试区面积确实小。但我认为,在大面积上抽咸补淡所必须解决的问题,如排咸出路、补淡水源、井型结构及井深井距、抽咸与补淡的时间、引渗途径、咸水淡化规律、周边影响等,在这块小面积上也同样存在。面积小,有它的缺点,有些问题必须通过大面积的试验才能解决;但面积小,也有它有利的一面。由于面积小,参加试验的同志工作态度又十分严肃认真,从做计划与设计到打井施工与咸水灌溉抽咸灌淡,从观测取土到整理资料和编写报告,事事亲自参加,这就使我们的工作能够做得比较细,资料搞得比较准。比如,排咸水量,我们是用直角三角堰,每小时读一个水位,2 年的排咸量是用 1 000 多个数据计算出来的。再如,水质的测定,我们在两年的时间里,用一台半导体电导仪、一组曲线、固定的取水点和取水方法。1974 年抽咸补淡时,各井每 2 h 取水测定 1 次;1975 年咸水灌溉和抽咸灌淡期间,各井每昼夜取水测定 2 次。两年中,我们共测定了 1 230 个井水水样。其中 7 号真空井和 5 号真空井抽水时间最长,分别为 1 415.1 h

和 1 001.7 h,资料也最多。在两年的抽咸灌淡和咸水灌溉中,共测定了 269 个和 236 个数据。我们测得的各井的水质,变化都是比较稳定的,没有忽高忽低、难以解释的现象。另外,由于面积小,单位面积的灌水量、排咸量都很大,田块里的灌水基本是均匀的,没有跑水现象,各井开机停机时间也比较准确,这些都有利于我们客观深入地了解水质的变化规律。总之,我认为,小面积的抽咸补淡试验也是有意义的,它的试验成果对于研究这项事业的人们来说,也是有一定参考价值的。

在两年的试验中,我们共花了国家的试验费 10 000 元。为了让试验取得更大的实效,把试验的数据取得准确完善,这两年中,我们付出了许多艰苦的劳动。1974 年汛期抽咸灌淡期间,由于技术人员少,我每天在水里泥里工作 18 个小时。

一、试验地的基本条件

河北水专农场,位于沧州市北郊津浦铁路以西,西距南运河 400 ~ 500 m。试验地井控制面积为 85 亩。其中,耕地占地 52 亩,排灌渠道占地 16 亩,其他占地 17 亩。地形东高西低,地面高程在 8 m 左右。土壤为沙壤土,地下水埋深在春季小于 2 m,矿化度大部分为 4 ~ 6 g/L,西南部为 2 g/L 左右,东北部达 9 ~ 10 g/L(见图 2-1)。据 1972 年 6 月调查,耕地中盐斑面积占 1/3 以上(见图 2-2)。该地块于 1972 年曾利用南运河水(汛期的洪水)种稻,但旱作后仅 1973 年一年保了全苗,1974 年 6 月,麦田又出现了块块盐斑(见图 2-3)。盐碱土类型主要是含大量硫酸盐和氯化物的盐土,其次还有小片的盐化碱土。

据沧州市气象资料,该地多年平均降水量为 631 mm,蒸发量为 1 833 mm。降水量的 63% 集中在 7、8 月两个月内。年平均温度 12.4 ℃,无霜期 200 d。

南运河近年来旱时无水,只有汛期及冬季有水。河边有扬水站 1 座,并有灌渠 1 条。试验地为台田,台面宽 40 m 左右,台沟深 0.8 m 左右。试验地东边为排水农沟,南边为排水斗沟,深度均为 1 ~ 1.2 m,排水入沧浪渠沧南排干,排水基本畅通。

抽水井 1974 年均为真空井,井深 10 m,进水段 3 m。最初咸水井为 7 眼,1974 年抽咸灌淡中,真空井不断坍塌,最后剩下 4 眼。真空井均用 2.5 in❶离心泵配套,单井出水量旱季为 20 ~ 30 m³/h,汛期抽咸灌淡时达 30 ~ 40 m³/h。1975 年新打锅锥井 2 眼,井深 20 m。进水段 11 m 和 15 m。该井密封后也用 2.5 in 离心泵配套,单井出水量仅 15 ~ 20 m³/h。1975 年抽咸灌淡时,除 2 眼锅锥井外,还有两眼真空井继续使用。

据打井资料,20 m 以内土层大部分为粉沙及沙壤土,无良好的不透水层。10 m 真空井抽出的地下水矿化度大部分为 4 ~ 6 g/L,西南部为 2 g/L 左右,东北部达 9.9 g/L。10 ~ 20 m 间,地下水矿化度较上部略低。在试验区以外,西南部的地下水矿化度小于 2 g/L,东北部高达 10 ~ 16 g/L。

试验地的田间工程,在灌水方面,除由河边扬水站过来的灌水渠外,还在地块的东头穿过 3 条台田沟(下埋涵管),新修了 1 条灌水农渠(因地形东高西低)。在抽咸灌淡时,地里打成 20 m×20 m 的方畦,由灌水农渠上直接开口,让河水逐畦

---

❶ 1 in = 2.54 cm,下同。

串灌,待所有的畦都灌满时,便逐个堵口。3 条东西垄沟和西
头的连接渠,灌排两用。灌水时,它与其他灌水渠一样,把各
井的水连起来,多井汇流,不仅把水送到试验田的各个畦,还
送到试验田以东的地块,灌溉那里的麦田。抽咸灌淡时,它把
各井的咸水汇集起来,通过量水堰排入排水斗沟。

　　3 条台田沟和东头的排水农沟,1974 年抽咸灌淡开始时,
还排了部分咸水,但由于井排迅速降低了地下水位,它们便失
去了排水作用。1975 年,为了扩大淡水入渗面积,增加淡水
渗入量,加速咸水淡化,便把排水农沟下口堵起来,在 1 台沟
西头修一竖井式跌水,并将它和灌水渠连接。1975 年抽咸灌
淡时,除在耕地中继续像 1974 年一样灌水外,这些排水沟里
也经常灌满淡水(1974 年、1975 年抽咸灌淡工程设施分别见
图 2-4 和图 2-5)。

二、抽咸灌淡,地下水大幅度淡化

　　1974 年汛期,从 8 月 11 日至 9 月 6 日,我们在试验区内
48 亩耕地上灌水 12 次以上(灌水面积占试验区面积的
57%),累计灌水量 38 006 m^3,灌水含盐 0.15~0.24 g/L。另
外,该期间(从 8 月 1 日至 9 月 6 日)共降雨 238.5 mm,折合
水量 13 521.9 m^3。真空井抽排咸水 1 804.1 单井小时,井排
咸水 48 810.7 m^3,排盐量 208.012 t(平均矿化度为 4.26
g/L)。排水沟排咸时间为 9 d,排咸量约为 2 656.8 m^3,排盐
12.115 t。

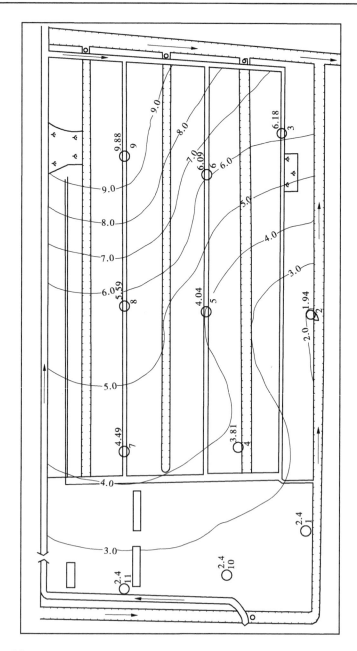

图2-1 1974年4月试验区地下水矿化度分布 （10 m，单位:g/L）

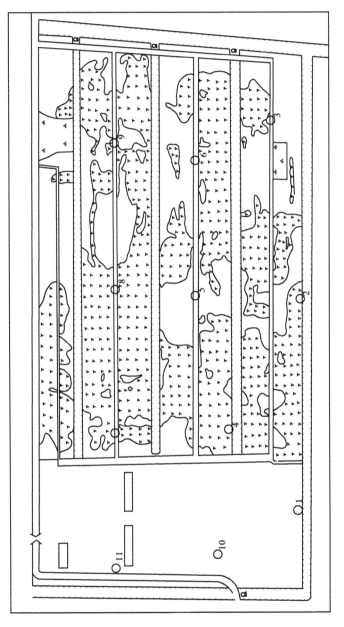

图 2-2　抽咸灌淡试验区 1972 年 6 月盐斑分布

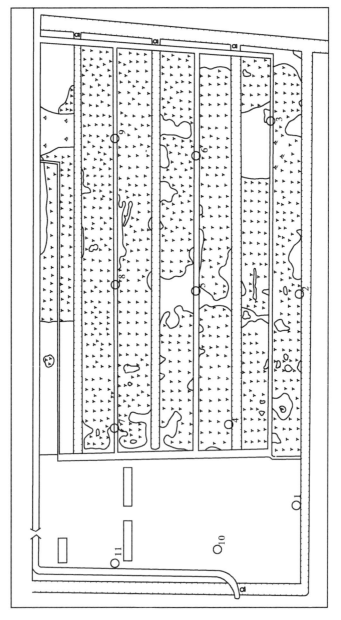

图 2-3　抽咸灌淡试验区 1974 年 6 月盐斑分布

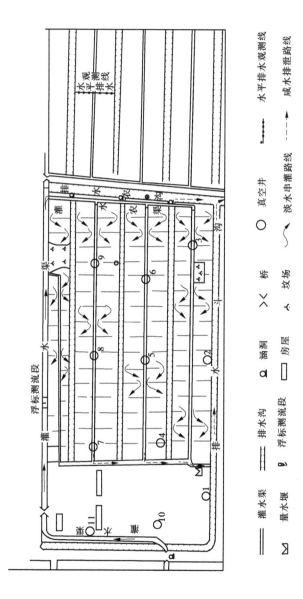

图 2-4 1974 年抽咸灌淡工程设施

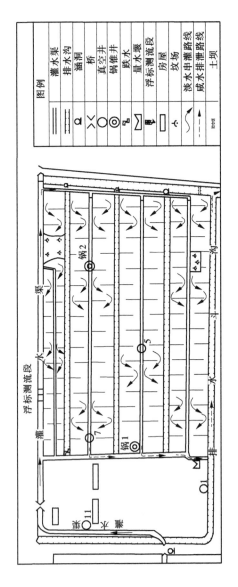

图 2-5 1975 年抽咸灌淡工程设施

综合以上,1974 年汛期抽咸灌淡期间,全试区平均每亩灌淡水 608 m³,排走咸水 607 m³,除去灌水的含盐,每亩净排盐 2.513 t(见表 2-2)。各井抽水时间从 109 h 至 389 h 37 min。大量抽咸灌淡使试区地下水普遍发生了显著的淡化。真空井井水的矿化度从 3.2 ~ 9.5 g/L 降至 2.2 ~ 4.95 g/L,淡化幅度为 9.2% ~ 47.9%(见表 2-3 和图 2-6 ~ 图 2-9)。1 ~ 2 m 内表层地下水的矿化度则由 4.23 ~ 9.6 g/L 降至 1.92 ~ 2.96 g/L,淡化幅度为 36.2% ~ 75.6%(见表 2-4)。

表 2-2　抽咸灌淡期间试验区水量盐量进出情况

年份	灌淡水量				
	灌水量（m³）	降水量		合计（m³）	每亩平均灌淡水量（m³/亩）
		水深（mm）	水量（m³）		
1974	38 006	238.5	13 521.9	51 527.9	608
1975	47 300	116.6	6 595.1	53 895.1	636
合计	85 306		20 117	105 423	1 244

年份	排咸水量			
	排水沟排咸水量(m³)	井排咸水量（m³）	合计（m³）	每亩平均排咸水量(m³/亩)
1974	2 656.8	48 810.7	51 467.5	607
1975	0	64 500	64 500	760
合计	2 656.8	113 310.7	115 967.5	1 367

续表 2-2

年份	盐量进出情况					
	灌水含盐（g/L）	灌水带入试区盐量（t）	排走咸水平均含盐（g/L）	排水排出试区盐量（t）	出入相抵试区净排走盐量（t）	平均每亩净排盐量（t/亩）
1974	0.15～0.24	7.079	4.26*	220.127	213.048	2.513
1975	0.15～0.24	11.112	3.21	207	195.888	2.31
合计		18.191		427.127	408.936	4.823

说明：*为井水平均含盐，排水沟排水平均含盐为 4.56 g/L。

表 2-3　抽咸灌淡井水淡化情况

井号	打井洗井井水含盐（g/L）	年份						两年抽咸灌淡的结果，井水淡化率（%）	与洗井时比较，井水淡化率（%）	说明
		1974			1975					
		井水含盐（g/L）								
		抽咸灌淡开始时	抽咸灌淡结束时	淡化率（%）	抽咸灌淡开始时	抽咸灌淡结束时	淡化率（%）			
真空井 4	3.81	3.2	2.2	31.25	—	—	—		42.3	1. 真空井 3 号、6 号、8 号，均因塌井而停止抽咸，抽水短，但水质均有淡化； 2. 真空井 5 号 1975 抽咸灌淡开始比 1974 年结束时降低了 0.25 g/L
真空井 5	4.04	3.8	3.45	9.2	3.2	2.4	25.0	36.8	40.6	
真空井 7	4.49	4.3	3.3	23.3	3.3	2.4	27.3	44.2	51.7	
真空井 9	9.88	9.5	4.95	47.9	—	—	—		49.9	
锅锥井 1	3.14	—	—	—	3.14	2.55	18.8		18.8	
锅锥井 2	5.91	—	—	—	5.91	4.23	28.4		28.4	

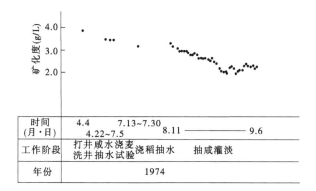

图2-6　4 号真空井水质变化过程

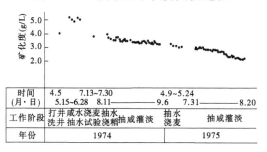

图2-7　5 号真空井水质变化过程

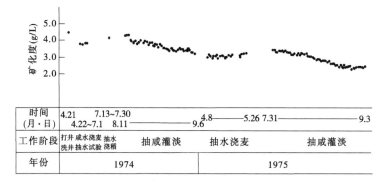

图2-8　7 号真空井水质变化过程

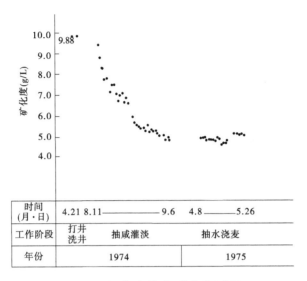

图 2-9　9 号真空井水质变化过程

表 2-4　抽咸灌淡表层地下水(1～2 m)淡化情况

点号	取水时间			淡化幅度(%)		
	1972 年 10 月 31 日（抽咸灌淡前）	1974 年 11 月 2 日（第一次抽咸灌淡后）	1975 年 9 月 9 日（第二次抽咸灌淡后）	1974 年 11 月 2 日较 1972 年 10 月 31 日	1975 年 9 月 9 日较 1974 年 11 月 2 日	1975 年 9 月 9 日较 1972 年 10 月 31 日
	矿化度(g/L)	矿化度(g/L)	矿化度(g/L)			
碱 1	5.05	2.96	1.04	41.4	64.9	79.4
碱 2	9.6	2.34	0.48	75.6	79.5	95.0
碱 4	5.44	1.92	0.82	64.7	57.3	84.9
碱 6	4.23	2.70	0.61	36.2	77.4	85.6

　　1975 年汛期,抽咸灌淡从 7 月 31 日起至 9 月 3 日止,灌水面积增至 62 亩（占试验区面积的 73%）,累计灌河水 47 300 m³。另外,其间降雨(从 7 月 29 日至 9 月 3 日)116.6 mm,折合水量 6 595.1 m³。井排咸水 2 484.8 单井小时,排咸

水量 64 500 m³,排盐量 207 t(平均矿化度为 3.21 g/L)。综合以上,1975 年平均每亩灌入淡水 636 m³,排走咸水 760 m³,除去灌水含盐,每亩净排盐 2.31 t(见表 2-2)。4 眼井抽水时间分别为 432 ~ 703 h。大量抽咸灌淡,地下水水质进一步发生了显著的淡化:两眼真空井的水质从 3.2 ~ 3.3 g/L 均降至 2.4 g/L,两眼锅锥井从 3.14 ~ 5.91 g/L 降至 2.55 g/L 和 4.23 g/L,淡化幅度达 18.8% ~ 28.4%(见表 2-3 和图 2-7、图 2-8、图 2-10、图 2-11)。1 ~ 2 m 内表层地下水由 1974 年的 1.92 ~ 2.96 g/L 进一步淡化至 0.48 ~ 1.04 g/L,淡化幅度为 57.3% ~ 79.5%(见表 2-4)。

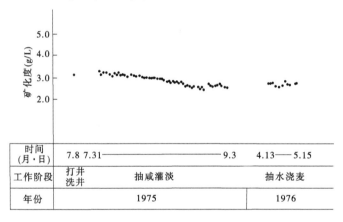

图 2-10　1 号锅锥井水质变化过程

综上,两年的抽咸灌淡期间,试验区每亩平均灌水量(包括期间降雨)1 244 m³,排咸水量 1 367 m³,减去灌水带入试区的盐量,每亩净排盐 4.823 t(见表 2-2)。连续两年抽咸的真 5、真 7 两井,井水矿化度由 4.04 ~ 4.49 g/L 均降至 2.4 g/L,淡化幅度达 36.8% 和 44.2%(见表 2-3),1 ~ 2 m 的地下水矿化度由 4.23 ~ 9.6 g/L 降至 0.48 ~ 1.04 g/L,淡化幅度达

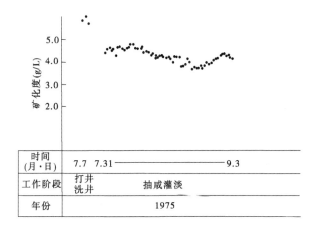

图 2-11　2 号锅锥井水质变化过程

79.4%～95%（见表 2-4）。两年的抽咸灌淡，从地下咸水的淡化过程中可以看出下列几个特点。

（一）地下水矿化度越高，淡化速度越快

由表 2-5 中可以看出，真空井水质的淡化，按每降 1 g/L 抽咸用时进行比较，从 9.5 g/L 降至 8 g/L 为 17.2 h，从 8 g/L 降至 5.6 g/L 为 63.6 h（均为真 9），从 5 g/L 以上降至 4 g/L 以上为 150.7～214.2 h（真 3、真 8、真 9），从 4 g/L 以上降至 3 g/L 以上为 389.6 h（真 7），从 3 g/L 以上降至 2 g/L 以上为 360.8～733.9 h。

从表 2-5 锅锥井水质的淡化中，也可看出这个规律。

（二）上层地下水的淡化速度远快于下层地下水

据 1972 年 10 月底调查，试验区盐斑地上 1～2 m 深处地下水的矿化度为 4.23～9.6 g/L，1974 年 8 月抽咸灌淡开始时，7～10 m 深处地下水的矿化度为 3.2～9.5 g/L。至 1974 年抽咸灌淡后，7～10 m 深处地下水矿化度降至 2.2～4.95

g/L,淡化幅度为9.2%～47.9%,而1～2 m深处地下水矿化
度则降至1.92～2.96 g/L,淡化幅度为36.2%～75.6%。至
1975年抽咸灌淡后,试验区7～20 m深处地下水的矿化度由
3.14～5.91 g/L降至2.4～4.23 g/L,淡化幅度为18.8%～
28.4%,而1～2 m深处地下水矿化度则降至0.48～1.04
g/L,淡化幅度达57.3%～79.5%(见表2-3和表2-4)。

**(三)真空井水质淡化较快,水质稳定下降;锅锥井水质
淡化较慢,稳定性较差**

真空井浅(井深10 m,为锅锥井的1/2),进水段短(进水
段为3 m,仅为锅锥井进水段的1/4～1/5),因此它淡化的土
层和地下水就浅,而它的单井出水量却大(汛期抽咸灌淡时达
30～40 m³/h,为锅锥井的2倍),二者造成了真空井的水质淡
化较快。从表2-5中可以看出,从5 g/L以上降至4 g/L以
上,每降1 g/L抽咸用时,真空井为150.7～214.2 h(真3、真
8、真9),而锅锥井为410.1 h(锅2);从3 g/L以上降至2 g/L
以上,每降1 g/L抽咸用时,真空井为360.8～733.9 h(真4、
真5、真7),而锅锥井则为1 191.5 h(锅1)。

表2-5　各井水质淡化情况及抽咸用时分析

井号	井水矿化度(g/L)			抽咸用时 (h)	平均降1 g/L 用时(h)	说明
	起	止	降低数			
真9	9.5	8.0	1.5	25.8	17.2	
	8.0	5.6	2.4	152.6	63.6	
	5.6	4.95	0.65	139.2	214.2	
真8	5.3	4.5	0.8	151.1	188.8	

续表 2-5

井号	井水矿化度（g/L）			抽咸用时（h）	平均降 1 g/L用时（h）	说明
	起	止	降低数			
真3	5.45	4.65	0.8	120.6	150.7	
真7	4.3	3.3	1.0	389.6	389.6	
	3.3	2.4	0.9	660.5	733.9	
真5	3.8	2.4	1.4	797.8	569.9	为两年之和
真4	3.2	2.2	1.0	360.8	360.8	
锅2	5.91	4.23	1.68	689.0	410.1	
锅1	3.14	2.55	0.59	703.0	1 191.5	

　　真空井浅、进水段短，地下水由井的下部集中进井，其水质变化比较稳定；锅锥井由于井深，进水段又长，因而其水质变化受到地面灌水的影响较大，稳定性较差。如锅 2 井，成井时井水矿化度在 6 g/L 上下，但到抽咸灌淡一开始，由于大量的淡水由上层渗入，井水矿化度突变为 4.6 g/L，此后上下起伏、缓慢下降，直至降至 3.9 g/L 左右，但至 8 月 29 日停止灌水后，井水矿化度又迅速升至 4.4 g/L 左右，继续抽水，其矿化度又逐步降低。锅 1 井较锅 2 井进水段短（锅 2 为 15 m，锅1 为 11 m），周围灌水情况较稳定，因而其水质变化波动较小，但也可看出这种趋势。

　　（四）井周围上部土层含盐越多，井水水质淡化越慢；处于淡化过程中的矿化度相近的不同水井，原始矿化度越高，其水质淡化越慢

　　前者如真 5 井周围，原来都是盐斑，上部土层含盐很多；

真4井周围原来都是好地,上部土层含盐很少;真7井周围则原是好地、盐碱地各半(见图2-2)。在1974年抽咸灌淡中,真5井水质淡化最慢,平均降低1 g/L需抽咸1 044.3 h,真4井水质淡化最快,虽然是由3 g/L以上降至2 g/L以上,它平均降低1 g/L仅需抽咸360.8 h(见表2-6)。

表2-6　各井水质淡化情况及抽咸用时分析

年份	井号	井水矿化度(g/L)			淡化幅度(%)	抽咸用时(h)	平均降低1 g/L需抽咸时数(h)	说明
		起	止	降低数				
1974	真4	3.2	2.2	1.0	31.25	360.8	360.8	真5井1975年抽咸灌淡开始比1974年抽咸灌淡结束时,降低0.25 g/L
	真5	3.8	3.45	0.35	9.2	365.5	1 044.3	
	真7	4.3	3.3	1.0	23.3	389.6	389.6	
1975	真5	3.2	2.4	0.8	25.0	432.3	540.4	
	真7	3.3	2.4	0.9	27.3	660.5	733.9	

后者可由表2-5中分析,如从5 g/L以上降至4 g/L以上的真3井、真8井、真9井,其淡化速度不同。原始矿化度即为5 g/L以上的真3和真8两井,平均降1 g/L,抽咸用时为150.7~188.8 h,而原始矿化度达9.88 g/L的真9井,平均降1 g/L抽咸用时则需214.2 h。再如,从3 g/L以上降至2 g/L以上的真7、真5和真4三眼井,原始矿化度即为3 g/L以上的真4井,平均降1 g/L抽咸用时为360.8 h,而原始矿化度在4 g/L以上的真5和真7井,平均降1 g/L抽咸用时则需540.4~733.9 h。

（五）在大量抽咸排咸的条件下，井周围淡水灌得越多，水质淡化越快

真 5 井在试区中心，平地时由于起土较多，周围地面变的稍低，因而在整个抽咸灌淡期间，周围地面总有淡水浸泡。而真 7 井位于耕地的西头，耕地以西地面 1974 年、1975 年两年均未灌淡水，附近耕地内灌水也较少。因此，当真 5 井周围上部土层的大量盐分被洗走后，其水质淡化速度显著加快。从表 2-6 中可以看出，它平均降 1 g/L 所需的抽咸时数由 1974 年的 1 044.3 h 降为 1975 年的 540.4 h。而真 7 井水质的淡化速度则由 1974 年的高于真 5 井（平均降 1 g/L 需抽 389.6 h），变为 1975 年的低于真 5 井（平均降 1 g/L 需抽咸 733.9 h）。

除此之外，位于试区南部和西部边缘的真 1、真 2 和真 11 三眼井，由于其井水矿化度较低，且处于试区边缘，因此在试区抽咸灌淡时，三眼井均未抽排。真 1、真 2 井春季用水不多（但由于其他井抽水较多，整个试区汛前地下水埋深降到 3 m 以下），真 11 井于 7 月 13 ~ 30 日向稻田供水抽水 100 h。在试区抽咸灌淡的影响下，它们的水质有无变化呢？至 1975 年咸水浇麦开始，我们发现三眼井井水矿化度均有明显的下降。下降值为 0.40 ~ 0.75 g/L（见表 2-7）。但经过 1975 年抽咸灌淡，其水质却基本不变（真 11 井在 1976 年春开始抽水时，井水矿化度为 2.12 g/L，与 1975 年咸水灌溉最后的 2.16 g/L 基本相同，其他两井缺测）。

两年的试验结果为什么不同呢？分析其原因，主要是由于真 11 井位于院内，除灌渠侧渗的影响外，几乎不受耕地灌淡的影响（见图 2-4、图 2-5），因此其补淡主要靠降雨。1974

表2-7　井水矿化度变化

井号	1974 年	1975 年	矿化度降低值	说明
真 1	2.42(6.28)	1.85(4.21)	0.57	括号内为取水测定日期（月·日）
真 2	2.00(7.5)	1.60(4.80)	0.40	
真 11	2.54(7.30)	1.79(4.90)	0.75	

年抽水期间(7 月 13 ~ 30 日),30 mm 以上的降雨累计为 85.5
mm,抽水停止后的半个月内又有 226.2 mm,总计达 311.7
mm,相当于每亩灌水 207.8 m³,因而补充和淡化了地下水。
而 1975 年抽水期间,仅有一次 52.4 mm 的较大降雨,而抽咸
停止后的半个月内,也仅有一次 30 mm 的较大降雨,合计仅
82.4 mm,相当于每亩灌水 54.9 m³,因而未能补充和淡化地
下水。

三、在旱季抽取地下水灌溉时,井水水质的变化情况

（一）抽咸灌淡前,旱季抽取地下水灌溉时,井水水质的变化情况

1974 年 4 月打井以后,紧接着便利用这些井抽水浇麦,
60 亩小麦普浇两水,总抽水量 8 000 m³ 左右(各井抽水时间
不等);麦收以后,又做了 4 个单井和 1 个群井的抽水试验。
通过这段时间的抽水,区内水质较淡的真 1、真 2 两井,水质基
本未发生变化,7 眼咸水井中有 6 眼井水矿化度降低 0.38 ~
1.24 g/L,唯真 5 井井水矿化度增高 0.96 g/L(见表 2-8)。

表 2-8　抽咸灌淡前旱季抽水灌溉时井水水质变化情况

（单位：g/L）

取水时间	井号										说明
	真3	真4	真5	真6	真7	真8	真9	真1	真2	真11	
1974 年 4 月 4 日 至 4 月 22 日 （打井洗井时）	6.18	3.81	4.04	6.09	4.49	5.59	9.88	2.4	1.94	2.4*	* 为 6 月 中 旬 打 井 时 所 测
1974 年 6 月 26 日 至 7 月 5 日 （经过了咸水浇麦）	—	3.4	5.0	5.0	3.8	5.07	—	2.4	2.02		
1974 年 7 月 30 日 （经过了抽水浇稻）	—	3.18	3.88	—	4.16	—	—	—	—	2.54	
1974 年 8 月 11 日 （抽咸灌淡开始时）	5.45	3.18	3.88	4.85	4.31	5.31	9.5	—	—	—	
水质变化特点		逐步下降	先升高后下降	逐步下降	先下降后上升	先下降后上升					
变化幅度	0.73	0.63	0.96～0.16	1.24	0.18～0.69	0.28～0.52	0.38	0	0.08	0.14	

　　1974 年 7 月中旬，我们还利用真 4、真 5、真 7、真 11 四眼井（真 11 井是 6 月中旬新打的）在试区中间一个台面上插了 15 亩稻秧，7 月 13～30 日，每井抽水近 100 h（总抽水量近 10 000 m³）。真 4 井在稻田的西南角，井水矿化度从 3.4 g/L 继续下降至 3.18 g/L。真 5 井在稻田的中间，井水矿化度从 5 g/L 降至 3.88 g/L。真 7 井和真 11 井位于稻田之外，真 7 井井水矿化度由 3.8 g/L 升至 4.16 g/L，真 11 井井水矿化度由

2.4 g/L 升至 2.54 g/L(见表2-8)。

到抽咸灌淡开始时,测得各井井水的矿化度为:真4井和真5井继续保持3.18 g/L和3.88 g/L,真3井、真6井、真9井则分别下降至5.45 g/L、4.85 g/L、9.5 g/L,真7井、真8两井则上升至4.31 g/L和5.31 g/L(真1井、真2井和真11未测)。

总之,在抽咸灌淡之前,各井初建旱季抽水灌溉时,除真1井、真2井、真11井三眼水质较淡的井外,其他7眼咸水井井水矿化度的变化是较大的。其变化特点,有的是一直下降(真4井和真6井),有的是先下降后上升(真7井和真8井),有的则先上升后下降(真5井),最大变幅达1.24 g/L(见表2-8)。

（二）抽咸灌淡后,浅井不抽水,在降雨和灌溉（淡水）的条件下,井水水质的变化情况

从1974年9月上旬抽咸灌淡结束,到1975年4月上旬,7个月的时间,没有下过大于30 mm的雨,我们用南运河水对小麦灌过冬水和返青水,灌水定额均在70 m^3/亩左右(因其中15亩白地(白地是指种过水稻未种小麦的地)同样灌了水,总灌水量为7 000多 m^3),即每亩耕地灌水140 m^3,井水一直未用。在这种情况下,井水水质有无变化呢? 据1974年抽咸灌淡剩下的4眼咸水井实测,各井井水矿化度的变化情况是:真9井未变,真4井从2.19 g/L增至2.39 g/L(增加0.2 g/L),真5井从3.45 g/L降至3.3 g/L(降低0.15 g/L),真7井从3.31 g/L降至3.14 g/L(降低0.17 g/L)。

1975年9月上旬抽咸灌淡结束后,9月9日降雨59.5 mm,后来又对小麦冬灌一次,1976年2月降水17.3 mm

（雪），因此小麦未浇返青水。以上约相当于每亩耕地灌水
121.2 m³。到 4 月 13 日抽水时，锅 1 井井水矿化度为 2.73
g/L，较 1975 年抽咸灌淡结束时的 2.55 g/L 增加 0.18 g/L
（见表 2-9）。

表 2-9　井水水质变化　　　（单位：g/L）

取水测定日期	井号					说明
	真 4	真 5	真 7	真 9	锅 1	
1974 年 9 月 6 日	2.19	3.45	3.31	4.95		真 7 井、真 9 井在 1975 年抽咸灌淡后期塌孔；锅 2 井因密封不好，1976 年春不上水，故 1976 年缺资料
1975 年 4 月 8 日	2.39	3.30	3.14	4.95		
变值	升 0.2	降 0.15	降 0.17	0		
1975 年 9 月 3 日					2.55	
1976 年 4 月 13 日					2.73	
变值					升 0.18	

以上资料可以说明，在试区抽咸灌淡之后，井不抽水，在
降雨和灌溉（淡水）的条件下，其井水矿化度虽有升有降，但最
大变幅仅 0.2 g/L。因此，可以认为其水质变化基本是稳定的。

**（三）抽咸灌淡后，旱季抽取浅层地下水灌溉时，井水水
质的变化情况**

这是人们最为关心的一个问题。不少人担心，抽咸灌淡
水质淡化之后，再抽水灌溉时，周围的咸水流进来，水质很快
又变咸。特别是在试区面积较小的情况下，有人几乎肯定会
是这样的。究竟是怎样的呢？我们两年的试验成果初步回答
了这个问题。

1975 年 4～6 月，除 5 月 3 日降雨 52.4 mm 外，整个小麦

生长期间再未下过大雨,试区内 32.6 亩小麦灌咸水 3 次,试区外小麦灌咸水 1 次,总用水量 12 000 多 m^3。抽水时间短的真 5 井水质未变(抽水 14.9 h,水质仍保持 3.3 g/L);真 7 井在抽水 129 h 以前(累计抽水 3 717 m^3),井水矿化度一直保持在 3.14 g/L 左右,后来才渐有升高,到 5 月 26 日抽水停止,累计抽水 176 h,抽水量 5 077 m^3,井水矿化度升至 3.28 g/L,比该年抽水开始时仅升高 0.14 g/L,比上年抽咸灌淡最后的井水矿化度(3.31 g/L)还低 0.03 g/L。

真 9 井在抽水 88 h 以前(抽水 2 130 m^3),井水矿化度一直保持在 5 g/L 左右,后来升高了一点,累计抽水时间 131 h,抽水量 3 177 m^3,井水矿化度升至 5.27 g/L,较本年抽水开始和上年抽咸灌淡最后的井水矿化度(4.95 g/L)升高 0.27 ~ 0.32 g/L。

1976 年的情况也基本如此。4 月、5 月抽水浇麦期间,最大降雨仅 14.7 mm,锅 1 井抽水 131.6 h,累计抽水量 2 094 m^3,井水矿化度升至 2.76 g/L,较本年抽水开始时的 2.73 g/L 仅升高 0.03 g/L,较上年抽咸灌淡最后的井水矿化度(2.55 g/L)升高 0.21 g/L(见表 2-10 及图 2-7 ~ 图 2-10)。

另外,1974 年汛期淡化了的真 11 井,在 1975 年春季用水中,累计抽水 250 h,抽水量 4 140.8 m^3,井水矿化度升至 2.16 g/L,比本年初用水时(1.79 g/L)升高 0.37 g/L,比上年抽水最末的井水矿化度 2.54 g/L 低 0.38 g/L。该井在 1976 年春季抽水 104.8 h,累计抽水量 1 735.5 m^3,井水矿化度升至 2.17 g/L,比本年抽水开始时(2.12 g/L)仅升高 0.05 g/L,比上年抽水最后的井水矿化度(2.16 g/L)仅升高 0.01 g/L(见表 2-10 及图 2-12)。

表 2-10　抽咸灌淡后,旱季抽水时井水水质变化情况

井号	抽水期间 (年·月)	累计抽水 时间 (h)	累计抽 水量 (m³)	井水矿化度(g/L)		
				开始	结束	升值
真 7	1975.4 ~ 1975.5	176	5 077	3.14	3.28	0.14
真 9	1975.4 ~ 1975.5	131	3 177	5.0	5.27	0.27
锅 1	1976.4 ~ 1976.5	131.6	2 094	2.73	2.76	0.03
真 11	1975.4 ~ 1975.5	250	4 140.8	1.79	2.16	0.37
	1976.4 ~ 1976.5	104.8	1 735.8	2.12	2.17	0.05

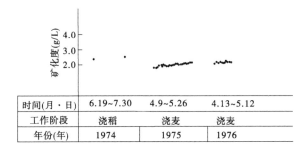

图 2-12　11 号真空井水质变化过程

从以上资料可以看出,经过抽咸灌淡淡化了的井水,在春季大量抽水时,其井水矿化度虽然一般均有上升,但升值不大(升值较大的为 0.27 ~ 0.37 g/L,其他仅为 0.03 ~ 0.14 g/L)。因此,关于水质很快又会变咸的顾虑是可以打消的。

四、有条件地利用咸水浇麦能增产

1973 年 9 月,我与河北水专、河北省水科所的三位同志一起去河南、陕西两省考察学习咸水灌溉的经验,回来以后,我又和河北水专的毛建华老师一起,对盐山、黄骅、海兴三县

及中捷友谊农场利用咸水灌溉的情况进行了调查,其间还阅读了一些国内外有关咸水灌溉的资料。通过调查和学习,对咸水灌溉加深了认识,增强了信心。因此,我们除 1974 年、1975 年连续两年开展不同咸水浇地的小区对比试验外,还在生产上每年把全场的小麦用咸水普浇 1 ~ 3 遍。当时,每年冬季和早春,南运河还有水,我们总是将河水作为小麦灌冻水和返青水。小麦拔节以后,河里没水了,小麦的抗盐能力也增强了,我们就利用地下咸水浇。每一畦的面积在半亩左右,灌水定额约为 60 m^3/亩。

几年中,无论是小区对比试验,还是大面积生产的应用,咸水灌溉的增产效益都是显著的。其增产特征主要是后期用咸水灌溉的小麦在株高、穗长、千粒重等方面均高于后期不灌水的小麦(见表 2-11、表 2-12)。咸水灌溉的增产幅度随每年干旱情况不同有所区别,天气越干旱,灌咸水的增产幅度越大。比如 1974 年 1 ~ 5 月,总降雨量 38.2 mm,最大一次仅17.5 mm,根据小区试验资料,后期灌咸水 1 ~ 2 次,比不灌水的每亩增产 50 ~ 144 斤,增产幅度为 15% ~ 44%。1975 年 5 月 3 日降雨 52.4 mm,5 月底和 6 月初又多阴雨,后期灌 2 ~ 3 次咸水,比不灌水的每亩增产 55 ~ 87 斤,增产幅度为11% ~ 18%(从表 2-11 中可以看到,有一组浇 2 次咸水的比不浇水的减产 1 斤,但从资料中可以看出,它比不浇水的株高高 2.65 cm,穗长长 2.9 mm,穗粒数多 1.1 个,减产的唯一原因是密度太小了。它比后期不灌水的每亩少 4 万穗,而这并非咸水灌溉所致。从表 2-11 中还可以看到,每亩穗数比后期不浇水的多 4.2 万穗的两组小麦,每亩竟比它增产 71 ~ 144斤。由此也可看出,咸水灌溉的增产效益是无可怀疑的)。

利用咸水浇地,许多社(队)的群众都吃过亏。有的播前灌咸水,造成播种不出苗;有的苗期灌咸水,浇得苗不长;还有的造成苗死地碱,甚至几年之内不长苗。为什么我们利用咸水灌溉却每年都能显著增产呢? 主要是我们采取了以下几条措施:

第一,化验了水质,太咸的水不用。1974 年 4 月,我们打了9 眼真空井,最咸的井水矿化度达 9.88 g/L,浇小麦时我们不用它。因为国外一些人的研究曾经指出,当土壤溶液浓度高于5 ~ 6 g/L时,作物的生长开始受到微弱的抑制。因此,我们做小区对比试验采用的最咸的水质是 5 ~ 6 g/L,大面积灌咸水,采用多井汇流,咸水矿化度 1974 年、1975 年均为 3 ~ 4 g/L。随着抽咸灌淡,咸水逐渐淡化,我们使用的咸水矿化度也越来越低,1976 年后,用于浇麦的咸水则降至 3 g/L 以下了。

表 2-11　1974 年小麦拔节后用不同咸水灌与不灌对比试验调查结果

类别	株高（cm）	穗长（cm）	穗粒数（个）	千粒重（g）	总粒重（g）	总穗数（个）	每亩穗数（万）	单产（斤/亩）	说明
后期不灌水	94.35	4.93	20.1	40.18	99.2	138	23.0	330	1. 小麦品种为 6 404；
后期用 5 ~ 6 g/L水灌 1 次	98.85	5.55	22.0	45.16	114.0	128	21.3	380	2. 用河水作为灌冻水及返青水；
后期用 2 g/L水灌 2 次	95.60	5.43	21.3	44.2	118.15	144	24.0	394	3. 结合孕穗水追氯化铵 17斤
后期用 3.4 ~ 3.8 g/L水灌 2 次	97.95	5.10	19.7	43.32	120.32	163	27.2	401	
后期用 5 ~ 6 g/L水灌 2 次	95.30	5.61	23.5	42.13	142.4	163	27.2	474	
后期用 2 g/L水灌 1 次	97.25	4.77	17.5	42.3	131.0	195	32.5	436	
后期用 5 ~ 6 g/L 水灌孕穗水,用 4 ~ 5 g/L水灌灌浆水	97.00	5.22	21.2	44.12	99.04	114	19.0	329	

第二，注意在小麦拔节以后才浇咸水。因为各种植物的耐盐能力均是越小越差、越大越强。小麦拔节以后，其耐盐能力显著增强，另外，小麦拔节以后，生长迅速，地面覆盖好，灌咸水后地面蒸发减少，土壤表层积盐也会减轻。

第三，浇咸水使小麦后期大部分时间内有了较充足的水分供应。根据过去的试验研究，一般认为，当土壤含水率低于田间持水量的60%～70%时，作物吸水将发生困难；当土壤含水率小于凋萎系数时，作物将遭到不可弥补的损失。河北水专农场的土壤为沙壤土，根据有关资料，沙壤土的田间持水量为22%～30%（质量），按照上述理论，当土壤含水率低于13.2%～21.0%时，作物将吸水困难；当土壤含水率低于6.3%时（沙壤土中小麦的凋萎系数），小麦将发生严重减产。根据试验，1974年，虽然在2月底用运河水给小麦灌了返青水，但由于天气干旱，至4月24日，30 cm土层土壤含水率已降至11.4%以下，未灌咸水者，至5月15日则降至8.7%以下，而至小麦成熟时，又降至7.6%以下。由此看来，未灌咸水的小麦，在后期50多天的时间里，一直处于严重缺水的状态。到成熟时，土壤水分已接近小麦的凋萎系数。这一年，我们在4月下旬和5月中旬给小麦灌了两次咸水，从而保证了小麦后期在大部分时间内有了较充足的水分供应。

第四，结合浇咸水，我们给小麦追施了化肥。比如1974年，我们结合孕穗时浇咸水，每亩小麦追施氯化铵17斤；1975年，结合拔节后期浇咸水，每亩小麦追施碳铵40斤。

2年的试验也一致表明，用咸水灌后，土壤表层累积盐分。灌溉水越咸，灌咸水的次数越多，土壤累积盐越多，累积盐的土层越厚（见表2-13、表2-14）。

表2-12　1975年小麦拔节后用不同咸水灌与不灌对比试验调查结果

类别	株高（cm）	穗长（cm）	穗粒数（个）	千粒重（g）	总粒重（g）	总穗数（个）	每亩穗数（万）	单产（斤/亩）	说明
后期不灌水	98.33	4.65	22.65	41.2	291.0	359	29.95	486	1. 小麦品种为烟台青；
后期用 5～5.27 g/L 水灌两水	100.48	4.68	21.6	43.29	327.0	411	34.3	546	2. 用河水灌冻水及返青水；
后期用3.2～3.4 g/L 水灌三水	105.25	4.95	22.9	44.2	324.3	361	30.1	541	3. 结合拔节后期浇咸水，每亩追碳铵40斤；
后期用1.6～2.15 g/L 水灌三水	107.68	5.00	21.7	43.25	343.5	440	36.7	573	4.5月3日降雨52.4 mm

从表2-14中累盐情况我们也可看出，用4～6 g/L 的咸水灌两次以后，土壤耕层（0～20 cm）平均含盐量，咸1点由0.094 3%增至0.218 9%（累盐132.1%），咸7点由0.054 5%增至0.130 1%（累盐138.7%），其中，咸1点已经超过了谷子、玉米等作物的耐盐极限，成为轻度盐碱地了。由此可以看出，用含盐4～6 g/L 的咸水浇地，必须控制灌水次数，并在灌1～2次咸水之后，靠较大的降雨淋洗压盐；没有这种降雨，则必须在有排水的条件下，用淡水大定额灌溉压盐或冲洗。

我们这次试验中，1974年、1975年两年用咸水浇过的麦田，汛期均进行了抽咸灌淡，不仅咸水灌溉所累积的盐分被洗掉，原来的土壤含盐也被大量洗走（见表2-15）。

表 2-13　1975 年用不同咸水灌与不灌土壤盐分变化

（%）

土壤层次(cm)	灌 1(后期不灌水)			灌 3(咸水矿化度 3.3~3.4 g/L,灌水日期:4.9)			灌 4(咸水矿化度 5.0 g/L,灌水日期:4.10)			说明
	取土日期(年·月·日) 1975. 4.6	1975. 4.23	累盐率	取土日期(年·月·日) 1975. 4.6	1975. 4.23	累盐率	取土日期(年·月·日) 1975. 4.6	1975. 4.23	累盐率	
0~5	0.226	0.139	−38.5	0.136	0.261	+91.9	0.072	0.289	+301.4	表中"累盐率"一栏"+"为累盐;"−"为脱盐
5~10	0.078	0.051	−34.6	0.036	0.065	+80.6	0.031	0.096	+209.7	
10~20	0.065	0.075	+15.4	0.036	0.065	+80.6	0.031	0.086	+177.4	
20~40	0.045	0.036	−20.0	0.045	0.038	−15.6	0.031	0.076	+145.2	
40~80	0.034	0.030	−11.8	0.042	0.026	−38.1	0.031	0.091	+193.5	
80~120	0.039	0.033	−15.4	0.045	0.036	−20.0	0.034	0.045	+32.4	

表 2-14　1974 年用两次咸水灌溉前后土壤盐分变化

（%）

土壤层次(cm)	咸1(第一水:4.28浇,咸水矿化度5~6 g/L;第二水:5.18日浇,咸水矿化度4~5 g/L)					咸7(第一水,4.28浇,咸水矿化度5~6 g/L;第二水,5.15浇,咸水矿化度5~6 g/L)					说明
	取土日期(年·月·日)			累盐率		取土日期(年·月·日)			累盐率		
	1974.4.23	1974.5.14	1974.6.16	1974.5.14比1974.4.23	1974.6.16比1974.4.23	1974.4.23	1974.5.14	1974.6.16	1974.5.14比1974.4.23	1974.6.16比1974.4.23	
0~5	0.162	0.438 0	0.516 5	+170.4	+218.8	0.101	0.321 4	0.142 0	+218.2	+40.6	累盐率一栏中,"+"为累盐,"-"为脱盐
5~10	0.083	0.094 8	0.127 0	+14.2	+53.0	0.035	0.094 8	0.114 4	+170.9	+226.9	
10~20	0.066	0.112 4	0.116 0	+70.3	+75.8	0.041	0.087 8	0.132 0	+114.1	+222.0	
20~40	0.064	0.072 4	0.122 4	+13.1	+91.3	0.035	0.066 7	0.105 0	+90.6	+200.0	
40~80	0.058	0.040 0	0.082 0	-31.0	+41.4	0.041	0.031 0	0.050 5	-24.4	+23.2	
80~120	0.067	0.038 2	0.055 0	-43.0	-17.9	0.041	0.029 0	0.032 4	-29.3	-21.0	

五、垂直排水除涝治碱作用大

20 世纪 60 年代初期,为了解决当时十分突出的涝碱问题,河北省水利科技战线集中力量研究了排水问题。当时主要是研究深沟排水系统和台(条)田(也可统称为水平排水系统)的除涝治碱作用,在几年之内,取得了一系列的成果。到 60 年代中期,随着海河骨干工程和配套工程的逐年开挖,水平排水系统得到了迅速的推广,它的除涝治碱作用已为广大干部和群众所认可。在大搞排水除涝治碱的同时,河北省的灌溉事业也取得了很大的进展。首先,山前平原等浅层淡水丰富地区的浅井得到了发展。接着,到 60 年代后期,河北省东部平原又掀起了打深井开发深层淡水的高潮(因为这里上部广泛分布着咸水,或者浅层淡水薄,难于开采)。随着旱涝碱等自然灾害的不断治理,河北省农业生产也向前迈进了一大步。生产的发展又对用水提出了更高的要求。因此,到 20世纪 70 年代初期,水资源不足的问题越来越突出地摆在了人们的面前。这时,山前平原区由于浅井灌溉所形成的井灌井排,在综合治理旱涝碱方面,已显示出了它巨大的优越性;另外,河北省东部平原水平排水系统的问题也进一步暴露了出来,主要是它的田间配套工程工程量大,占地多,清淤管理任务大;特别是由于深层水下降漏斗的迅速发展,揭露了该区水资源的严重不足之后,人们开始认识到,一味地排水是不行的。我们不能把汛期的地面径流全部排走,它是我们宝贵的水资源,要设法加以利用。于是,不少地方开始利用排水河道蓄水(大部分是打坝蓄水)。由于蓄水位过高和蓄水期长,使涝碱又有新的反复。在这种情况下,水利和农业科技界一批深谋远虑的同志,从井灌井排的优越性中得到启发,勇敢地提出了在河北省东部平原抽咸补淡,改造和利用地下咸水,在这里建设新的井灌井排的设想。这种设想得到了中国科学院、水利电力部、国家地质总局的支持,他们把"综合治理旱涝碱咸"列为国家科研任务中一个重要的研究项目。1974 年,一批综合治理旱涝碱咸的试验区,在河北省东部平原相继建立了起来。垂直排水的研究就这样开始了。

河北水专农场的试验,也是在这个时候开始的。2 年的试验资料表明,垂直排水在除涝治碱方面的作用也是十分显著的。主要表现如下所述。

(一)垂直排水排咸效率高

据河北省水利科学研究所龙治河试验站资料(当时,我在该站工作),深沟配套最好的龙治河五排支四排斗范围,末级深沟深度(排农)2.3 ~ 2.5 m,间距 300 ~ 500 m(四排斗流域面积 4 km^2,河网密度 10.6 km/km^2,土方量 47 300 m^3/km^2,沟占地 4.7%),1964 年 4 月 16 ~ 20 日,降雨 168.7 mm,雨后最大洪峰为 0.64 m^3/s(以地面径流为主),平均每百亩最大洪峰流量为 38.4 m^3/h(仅维持数小时)。

雨后从 4 月 21 日至 24 日,在区内地下水埋深 0.49 ~ 0.72 m(12 个斗井平均值)的情况下,其排咸流量平均为 0.203 m^3/s,平均每百亩排咸流量为 12.18 m^3/h;到雨后第 8 天(4 月 28 日),区内地下水埋深尚为 1.01 m(12 个斗井平均值)时,排咸流量已降至 0.044 m^3/s,平均每百亩排咸流量为 2.64 m^3/h。

表2-15 浇咸水前后及抽咸灌淡后土壤盐分的变化 （%）

土壤层次（cm）	取土日期(年·月·日)					说明
	1975.4.6（灌咸水前）	1975.4.23（灌第一次咸水后）	1975.5.21（5.3降雨后）	1975.6.11（灌第二次咸水后）	1975.9.6（抽咸灌淡后）	
0~5	0.072	0.289	0.086	0.131	0.025	
5~10	0.031	0.096	0.121	0.102	0.021	1. 取土点为灌4；
10~20	0.031	0.086	0.164	0.116	0.022	2. 两次咸水的矿化度均为5 g/L；
20~40	0.031	0.076	0.120	0.128	0.019	3. 5.3 降雨52.4 mm
40~80	0.031	0.091	0.047	0.053	0.019	
80~120	0.034	0.045	0.042	0.060	0.018	

1974年8月13日,我在河北水专农场实测,在地面大部分积水的情况下,66.8亩台田(毛面积,台面宽40 m,台沟深0.8 m)的排咸流量为12.3 m³/h。平均每百亩排咸流量为18.4 m³/h。台田排咸的时间很短,据观测,当地表积水渗完后,再有一天,就不排咸了。

而在垂直排水的情况下,据我们1974年6月在河北水专农场抽水试验的资料,真空井在旱季(当地下水埋深已降至3 m以下时)的稳定流量在20~30 m³/h;汛期增至30~40 m³/h。锅锥井较差,密封后抽水,单井出水量为15~20 m³/h。由此看来,即使每百亩一眼井,垂直排水与水平排水比较,其排咸效率也是较高的(见表2-16)。

表 2-16 垂直排水与水平排水排咸效率比较

类型	施测地点	面积（亩）	工程标准	地下水埋深（m）	施测时间（年·月·日）	排水流量	平均每百亩排水流量	说明
深沟排水系统	深县龙治河五排支四排斗	6 000	末级沟深 2.3 ~ 2.5 m，间距 300 ~ 500 m，河网密度 10.6 km/km²，土方量 47 300 m³/km²，沟占地 4.7%		1964.4.20	0.64 m³/s	38.4 m³/h	洪峰
				0.49 ~ 0.72	1964.4.21 ~ 1964.4.24	0.203 m³/s	12.18 m³/h	
				1.01	1964.4.28	0.044 m³/s	2.64 m³/h	
台田		66.8	台面宽 40 m，台沟深 0.8 m	地表大部积水	1974.8.13	12.3 m³/h	18.4 m³/h	毛面积
真空井	河北水专农场		井深 10 m，花管 3 m，井径 3 in	3.0 以下	1974.6	20 ~ 30 m³/h	20 ~ 30 m³/h	
				1.0 左右	1974.8	30 ~ 40 m³/h	30 ~ 40 m³/h	
锅锥井			井深 20 m，水泥滤水管井管内径 36 cm	3.0 左右	1975.7	15 ~ 20 m³/h	15 ~ 20 m³/h	密封后抽水

（二）垂直排水地下水位降得快，降得深

据龙治河试验站地下水位观测资料，在排水沟比较畅通、排水效益比较显著的情况下，垂直五排支的 6 眼观测井（支井 1 ~ 6），1964 年 4 月 21 日地下水埋深为 0.2 ~ 1.2 m，至 6 月 10 日（历时 51 d）才降至 2.1 ~ 2.3 m（其间降雨 66.3 mm，最大一次 27.3 mm）。6 眼观测井平均每日下降 3.133 cm，折合每小时下降 0.13 cm（见表 2-17）。

表 2-17　汛前排水深沟影响下地下水位的回降（单位:m）

观测时间	观测井号							说明
	支井 1	支井 2	支井 3	支井 4	支井 5	支井 6	平均值	
1964 年 4 月 21 日	1.248	0.694	0.24	0.402	0.667	0.378	0.605	该段五排支深2.8～3.2 m。其间降雨 66.3 mm,最大一次 27.3 mm
1964 年 6 月 10 日	2.378	2.225	2.190	2.102	2.182	2.141	2.203	
其间(51 d)降深(m)	1.130	1.531	1.950	1.700	1.515	1.763	1.598	
平均每日降深(cm)	2.22	3.00	3.82	3.33	2.97	3.46	3.133	

同年 8 月 2～11 日（其间无降雨）,支井 1～6 和农井 11～17,地下水埋深由地表附近降至 0.8 m 左右,地下水位平均每日下降 8.72 cm,折合每小时下降 0.36 cm(见表 2-18)。

而至汛后,上述 13 眼观测井,地下水埋深由地表附近历时 130 d 左右才降至 2.1～2.3 m(其间降雨 46.2 mm,最大一次仅 20.4 mm),平均每日下降 1.49 cm,折合每小时下降 0.06 cm(见表 2-19)。

在深沟排水的条件下,随着地下水埋深的下降,地下水的坡降越来越小,排水越来越慢;另外,潜水蒸发量也随着地下水埋深的增加而减少。因此,地下水的下降速度越来越慢。其最大降深受沟深的限制。在上述地区,1964 年、1965 年两年的汛前,其最大降深为 2.2～2.6 m。

关于台田在降低地下水位方面的作用,1974 年 8 月,我在河北水专农场不受井排水影响的东台田上垂直台田沟布置了一条观测线。我们发现,当地表明水渗完后,仅有一天的时间继续排咸,这一天,地下水位下降得最快,7 个孔平均为 27 cm/d,折合每小时下降 1.13 cm(见表 2-20)。之后,由于潜水蒸发,地下水位才继续下降。

表 2-18　汛期排水深沟影响下地下水位的回降

（单位：m）

观测日期	观测井号													平均值	说明
	支井1	支井2	支井3	支井4	支井5	支井6	农井11	农井12	农井13	农井14	农井15	农井16	农井17		
1964 年 8 月 2 日	0.435	0.080	0.040	−0.030	0.030	0.010	0.419	0.387	0.109	0.096	0.058	0.068	0.047	0.135	
1964 年 8 月 11 日	1.525	1.060	0.820	0.750	0.840	0.750	1.219	1.057	0.809	0.786	0.748	0.768	0.817	0.920	"一"号为地面积水值
其间（9 d）降深（m）	1.09	0.98	0.78	0.78	0.81	0.74	0.80	0.67	0.70	0.69	0.69	0.70	0.77	0.785	
平均每日降深（cm）	12.11	10.89	8.67	8.67	9.00	8.22	8.89	7.44	7.78	7.67	7.67	7.78	8.56	8.72	

表 2-19　汛后排水深沟影响下地下水位的回降

（单位:m）

观测日期	观测井号													平均值	说明
	支井 1	支井 2	支井 3	支井 4	支井 5	支井 6	农井 11	农井 12	农井 13	农井 14	农井 15	农井 16	农井 17		
1964 年9 月12 ~13 日	1.085	0.340	0.230	0.160	0.120	0.140	0.269	0.317	0.159	0.116	-0.052	0.248	0.397		支井由 1964 年9 月13 日至 1965 年1 月22 日,其间 131 d;农井由 1964 年9 月12 日至 1965 年1 月18 日,其间 128 d
1965 年1 月18 ~22 日	2.305	2.260	2.230	2.150	2.170	2.110	2.179	2.257	2.289	2.236	2.208	2.108	2.097		
其间降深(m)	1.22	1.92	2.00	1.99	2.05	1.97	1.91	1.94	2.13	2.12	2.26	1.86	1.70		
平均每日降深(cm)	0.93	1.47	1.53	1.52	1.56	1.50	1.49	1.52	1.66	1.66	1.77	1.45	1.33	1.49	

表 2-20　台田地下水位的回降　　　　(单位:m)

观测日期	观测孔号							平均值	说明
	洛3	洛4	洛5	洛6	洛7	洛8	洛9		
1974 年 8 月 25 日 19 时	0.44	0.46	0.45	0.63	0.48	0.59	0.64	0.53	
1974 年 8 月 26 日 19 时	0.80	0.80	0.75	0.83	0.77	0.81	0.81	0.80	
平均每日降深	0.36	0.34	0.30	0.20	0.29	0.22	0.17	0.27	

在垂直排水条件下,据 1974 年 6 月河北水专农场抽水试验资料,在试验区地下水埋深 3 m、85 亩范围内一眼井抽水时,全区 7 眼观测井平均每小时下降 1.74 cm(见表 2-21)。可见,垂直排水地下水位不仅降得快,而且降得深(见表 2-22)。

表 2-21　旱季井排条件下地下水位的回降　　　(单位:m)

观测时间	观测井号							平均值	说明
	真2	真4	真6	真7	真8	真10	真11		
1974 年 6 月 27 日 8 时 50 分	3.01	3.01	3.23	3.49	3.02	3.03	3.19	3.14	
1974 年 6 月 27 日 17 时 23 分	3.13	3.21	3.31	3.59	3.33	3.09	3.24	3.27	抽水井为真5;中间几次停机时间累计为 1 h
历时 7 小时 33 分,共降深(m)	0.12	0.20	0.08	0.10	0.31	0.06	0.05	0.13	
平均每小时降深(cm)	1.59	2.65	1.06	1.32	4.11	0.79	0.66	1.74	

表 2-22　不同排水条件下地下水位回降比较 （单位:m）

类型	观测试验地点	观测试验时间（年·月·日）	地下水埋深	平均每小时降深(cm/h)	说明
台田	河北水专农场东台田	1974.8.25 ~ 8.26	0.5 左右至 0.8 左右	1.13	台面宽40,台沟深0.8,该数为最快一天
深排水沟	深县龙治河五排支五排支四排斗四排农与七排农(后营大队)	1964.4.21 ~ 6.10	由 0.2 ~ 1.2 降至 2.1 ~ 2.3	0.13	排支深 2.8 ~ 3.2
		1964.8.2 ~ 8.11	由地表附近降至0.8	0.36	
		1964 年 9 月中旬至 1965 年 1 月下旬	由地表附近降至 2.1 ~ 2.3	0.06	排农深2.3 ~ 2.5
井排	河北水专农场	1974.6	3 m 以下	1.74	85 亩范围内一眼真空井抽水

（三）垂直排水条件下,由于没有地下水顶托(因为地下水下降快,或者地下水埋深较大),地表水入渗速度较快

1974 年 8 月我在河北水专农场东台田观测,台田地面水入渗速度平均为 1.6 ~ 1.8 mm/h(见表2-23)。

在垂直排水的条件下,由于抽水多,地下水位下降快,地面水入渗不受地下水的顶托,其入渗速度快得多。据1974年8月我在河北水专农场观测,除2个盐化碱土的点地面水入渗速度为每小时1.0 ~ 2.0 mm,其他9个点地面水的入渗速度为2.4 ~ 8.6 mm/h(见表2-24)。

表 2-23　台田地面水的入渗速度

观测时间	点号		说明
	16	15	
	水尺读数（mm）		
1974 年 8 月 22 日 18 时	124	110	两点均为重盐碱地，含盐以硫酸盐及氯化物为主
1974 年 8 月 25 日 6 时	31	4	
60 h 入渗水深（mm）	93	106	
入渗速度（mm/h）	1.6	1.8	

表 2-24　垂直排水条件下地面水的入渗速度

观测时间	点号										
	1	2	3	4	5	6	7	8	9	10	12
	水尺读数（mm）										
土质和盐碱情况	轻壤不碱	盐化碱土	沙壤盐碱		轻壤低洼不碱		沙壤稍高，有少量盐化碱土			沙壤稍高，不碱
1974 年 8 月 20 日 6 时 0 分	44	35	105	131	106	106	77	155	45	57	70
1974 年 8 月 20 日 11 时 0 分	15	5	100	121	91	94	64	142	19	37	27
5 h 入渗水深（mm）	29	30	5	10	15	12	13	13	26	20	43
入渗速度（mm/h）	5.8	6.0	1.0	2.0	3.0	2.4	2.6	2.6	5.2	4.0	8.6

（四）垂直排水由于地下水位降得快，或者汛前地下水位降得深，雨后地表水入渗快，因而可以更多地蓄淡排咸，充分发挥降雨的洗盐作用

据龙治河试验站资料，1964 年汛期，在 72 d 的时间内，共降雨 604 mm，龙治河五排支排水 987.7 万 m³，排盐 1.1 万 t，平均矿化度 1.11 g/L(平均每亩排水 367 m³,排盐 0.408 t)。
从上述资料中我们还可以看到,在排水的过程中,水的矿化度
变化很大,基本上排地下水时,水的矿化度为 4~5.6 g/L,在
暴雨洪峰时,仅 0.4~0.5 g/L。我认为在改良盐碱地和地下
水的试区内,大量的雨水从地表直接排入排水沟,含盐很少,
白白流走,这是一个很大的浪费。另外,这些地面径流还往往
严重地冲刷和侵蚀耕地,堵塞和淤积排水沟。

　　在垂直排水的情况下,由于汛前地下水位降得深,垂直排
水地下水位降得快,地面水入渗快,因而可以大大减少地表径
流。如 1974 年河北水专农场抽咸灌淡期间,降雨 238.5 mm,
另外,每亩耕地平均灌水 791.8 m³,均无地表径流产生,其间
共排水 51 467.5 m³,排盐 220.127 t(平均每亩排水 607 m³,
排盐 2.596 t),排水平均矿化度为 4.28 g/L。

(五)垂直排水冲洗改良盐碱地效果好

　　河北水专农场自 1971 年在台田上种稻,水旱轮作改良盐
碱地。一季稻每亩灌水 1 400~1 600 m³,但由于台田沟浅,土
壤脱盐深度较小,脱盐率较低。另外,旱作时地下水位较高,
土壤返盐快。因此,一般种一季稻后,旱作只能拿 1~2 年全
苗,到第 2 年或第 3 年,又出现块块盐斑。1975 年汛期,我们
在试验区东面的台田上冲洗改良盐碱地,每亩灌水 460 m³。
从取土化验资料看出,80 cm 以上土层脱盐,平均脱盐率为
48.98%,但 80~200 cm 深度却累盐 80.5%,地下水矿化度也
由 6.07 g/L 增至 9.6 g/L,矿化率达 58.2%(见表 2-25)。

　　在垂直排水的条件下,每亩耕地灌水 940 m³(1974 年抽
咸灌淡期间,包括降雨)和 840 多 m³(1975 年抽咸灌淡期间,
包括降雨),每亩冲洗水量比 1975 年东台田冲洗改良盐碱地

多 $380 \sim 480 \text{ m}^3$,比种稻少 $460 \sim 760 \text{ m}^3$,但洗盐效果比它们都好。其特点有以下几点:

表 2-25　　台田冲洗前后土壤及地下水盐分的变化　　（％）

土壤层次（cm）	土层含盐		脱盐		说明
	冲洗前 1975 年（8 月 1 日）	冲洗后 1975 年（9 月 5 日）	脱盐量	脱盐率	
0～10	0.304	0.155	+0.149	+49.0	1. 该取土点为"洗2"; 2. 冲洗定额为 460 m³/亩; 3. 土壤全剖面均为轻沙壤; 4. 洗前 7 月 29 日降雨 103.9 mm; 5. "+"表示脱盐, "-"表示累盐
10～20	0.606	0.115	+0.491	+81.0	
20～40	0.299	0.121	+0.178	+59.5	
40～80	0.182	0.117	+0.065	+35.7	
80～120	0.115	0.183	-0.068	-59.1	
120～200	0.113	0.216	-0.103	-91.2	
地下水埋深（m）	0.60	0.88			
地下水矿化度（g/L）	6.07	9.6	-3.53	-58.2	

第一,脱盐深度大。1974 年、1975 年两年,取土深度 120～200 cm,各层土壤均是脱盐的(实际脱盐深度还要大得多,不过受取土条件的限制,未能取得资料)。

第二,脱盐率高。如取土点碱 1 和碱 6,1974 年 160 cm 土层脱盐率高达 67.15％和 84.38％。1975 年洗 5 点 120 cm 土层脱盐率也高达 67.97％(见表 2-26 和表 2-27)。

表 2-26　垂直排水条件下冲洗前后土壤盐分的变化　（%）

土壤层次 （cm）	土层含盐		脱盐		说明
	冲洗前 （1975 年 6 月 10 日）	冲洗后 （1975 年 9 月 5 日）	脱盐量	脱盐率	
0 ~ 5	0.474	0.022	+ 0.452	+ 95.4	
5 ~ 10	0.184	0.024	+ 0.160	+ 87.0	
10 ~ 20	0.094	0.022	+ 0.072	+ 76.6	该取土点为"洗5"；冲洗定额为 840 m³/亩；"＋"为脱盐，"－"为累盐
20 ~ 40	0.080	0.026	+ 0.054	+ 67.5	
40 ~ 80	0.086	0.028	+ 0.058	+ 67.4	
80 ~ 120	0.120	0.047	+ 0.073	+ 60.8	
120 ~ 200		0.031			
地下水埋深(m)		1.23			
地下水矿化度 （g/L）		2.04			

　　第三，没有上部脱盐下部累盐的现象，整个土层从上到下都是脱盐的。

　　第四，地下水也淡化了。如碱 1 和碱 6 两点，1974 年抽咸灌淡后，地下水矿化度由 1972 年 10 月的 5.05 g/L 和 4.23 g/L 淡化至 2.96 g/L 和 2.7 g/L，淡化率达 41.4% 和 36.2%。1975 年抽咸灌淡后，又进一步淡化为 1.04 g/L 和 0.61 g/L，淡化率达 64.9% 和 77.4%（见表 2-27）。

表2-27　台田种稻及垂直排水条件下两次冲洗后土壤与地下水盐分的变化　　　　（%）

土壤层次(cm)	碱1 取土日期(年·月·日) 1972.10.31(种稻后)	1974.11.2(第一次冲洗后)	1975.9.9(第二次冲洗后)	碱1 脱盐率 1974年较1972年	1975年较1974年	碱6 取土日期(年·月·日) 1972.10.31(种稻后)	1974.11.2(第一次冲洗后)	1975.9.9(第二次冲洗后)	碱6 脱盐率 1974年较1972年	1975年较1974年	说明
	土层含盐					土层含盐					
0~5	0.128 9	0.084	0.017	+34.9	+79.8	0.138 6	0.040	0.021	+71.2	+47.5	
5~10	0.197 3	0.066	0.019	+66.5	+71.2	0.171 5	0.032	0.020	+81.4	+37.5	
10~20		0.036	0.029		+19.4	0.181 3	0.030	0.020	+83.4	+33.3	
20~40	0.310 7	0.045	0.055	+85.5	−22.2	0.268 8	0.036	0.032	+86.6	+11.3	
40~80	0.235 6	0.058	0.049	+75.4	+15.5	0.255 3	0.032	0.031	+87.5	+3.1	
80~120	0.228 1	0.086	0.034	+62.3	+60.5	0.274 0	0.045	0.045	+83.6	0	
120~160	0.149 9	0.062	0.037	+58.7	+40.3	0.224 8	0.038	0.033	+83.2	+13.2	
160~200		0.088	0.037		+58.0		0.090	0.033		+63.3	
地下水埋深(m)	1.12	1.55	1.61			1.21	1.52	1.53			
地下水矿化度(g/L)	5.05	2.96	1.04	+41.4	+64.9	4.23	2.7	0.61	+36.2	+77.4	

在抽咸灌淡以前,试验区内盐斑上 2 m 土层内,平均含盐为 0.2% ~ 0.53%,表层地下水矿化度大部分为 4.2 ~ 5.4 g/L,最高达 9.6 g/L。经过 1974 年抽咸灌淡,2 m 土层平均含盐降为 0.05% ~ 0.07%,地下不矿化度降为 1.05 ~ 2.96 g/L。到 1975 年抽咸灌淡后,2 m 内土层平均含盐率又降至 0.021% ~ 0.039%,表层地下水矿化度的资料,大部分降至 0.48 ~ 1.04 g/L,最高为 2.04 g/L。

六、几点认识

(一)抽咸灌淡,改造与利用地下咸水是一条综合治理旱涝碱的有力措施,是一个值得下大力量继续深入研究的重大课题

两年的试验告诉我们,垂直排水冲洗改良盐碱地比水平排水冲洗改良盐碱地脱盐深度大,脱盐率高,土壤盐分没有上脱下累的现象,地下水也淡化了。另外,垂直排水的田间工程量比水平排水少得多,也没有排水深沟的塌坡淤积问题。在对淡水资源的需求方面,它比种稻需水量少,在供水时间和水源保证率上也不要求那么严格。除此之外,它把改良盐碱地与改造地下咸水、利用咸水灌溉结合起来,不仅能在短期内把盐碱地变为良田,有效地解决涝和渍的问题,更为重要的是,它又增加了一定的灌溉水源。它是一条综合治理旱涝碱的有力措施,是一个值得下大力量继续深入研究的重大课题。

(二)咸水是可以利用的。若将利用咸水和改造咸水结合起来,就会收到更大的效益,得到更快的推广

试验告诉我们,在小麦拔节以后,利用小于 5 g/L 的咸水浇 1 ~ 3 水,增产是显著的。但浇后土壤耕层盐分明显增加。

如果具备较好的排水条件,并有一定的淡水可以压盐或洗盐(因为单靠降雨不可靠),那么,咸水灌溉就可以有保证地避免盐碱的威胁,使咸水灌溉得到迅速推广。如果把抽咸补淡改造咸水和利用咸水结合起来,就可以使原来一些不能使用咸水的地方(比如咸水矿化度高、排水条件差),也可以使用起来,从而广受灌溉增产之益。随着咸水的逐步淡化,咸水灌溉所受的束缚可能越来越小,其灌溉效益将越来越大,最终导致地下淡水库的形成,从利用咸水变为利用淡水。

(三)大量地抽咸灌淡,地下咸水的淡化是必然的,也是显著的

由于河北省东部平原系中小河流多次泛滥冲积而成,地质条件十分复杂;另外,多年来,这里地下水运动主要是由于表层地下水在垂直方向的入渗和蒸发,水平方向和下部不同层间垂直方向的运动是十分微弱的,因而造成这里的水文地质条件也十分复杂,无论是水平方向还是垂直方向,其水质变化常常很大。因此,在打井之初,大量抽取地下水时,井水水质有的变淡,有的变咸,变幅也往往较大。

抛开上述情况,春季抽咸用咸时井水水质变化的许多资料告诉我们,光抽咸不补淡,地下水是难以淡化的。因为这里不仅地下水中含盐多,土壤和土壤水中也含有大量的盐分,必须有大量的淡水多次冲洗和稀释,才能逐步淡化。

另外,抽咸灌淡之后,停止抽咸而继续补淡的水质变化资料告诉我们,要淡化地下水,光补淡不抽咸也是不行的。因为在不抽咸排咸的情况下,地下水没有出路,地下水位高,补来的大量淡水均被蒸发掉了。

试验中真 11 井水质变化的资料启示我们,在大量抽咸的条件下,单靠降雨补淡来淡化地下水是不可靠的。在降雨较大的年份(如1974年),地下水还有一定幅度的淡化,而在降雨较少的年份(如1975年),地下水则基本没有淡化。

试验以大量的资料向我们证实,在大量抽咸与灌淡时,地下水的淡化是必然的,也是显著的。抽咸越多,灌进的淡水越多,水质淡化越快。当面积较小时,采用抽咸与补淡同时进行,或者汛前(雨前)、灌前抽咸,抽后随即补淡的方法,都可以有效地避免周围咸水的干扰,达到淡化地下水的目的。

(四)在抽咸灌淡水质淡化之后,在旱季抽水灌溉时,地下水不会很快变咸

1975年、1976年两年春季用水的资料都证实了这个问题。井水的水质为什么没有很快变咸呢? 我认为,原因有以下两条:第一,被淡化的地下水库深度较大,旱季用水时,地下水位一般只下降 $2 \sim 3$ m;第二,抽出的水也不是这 $2 \sim 3$ m 内的全部水分,而是给水度那一部分,在沙壤土,它仅为土壤饱和含水量的 $1/5 \sim 1/10$。总之,旱季抽出的地下水量仅是被淡化的全部水量中的一小部分,而外来的水量比它要少得多。因此,当周围的部分咸水流入试区后,两水一混合,矿化度不会有大幅度的提高。

(五)关于排咸出路问题

这是人们普遍担心的一个问题。排咸出路不畅,常造成咸水搬家。近几年,许多排水河道节节打坝,长期蓄水,使这个问题更加严重。但这不是不能解决的问题。只要抽咸补淡改造与利用咸水取得了切实可以大力推广的试验成果,引起了广大干部和群众的高度重视,合理地规划排咸出路,妥善地安排排咸时间,这个问题是完全能够解决的。河北水专农场向下游输送咸水的排水沟,深度仅 1 m 多(仅指临近试区的一段,下游就深了),但由于我们把抽咸补淡的时间放在汛期下了大雨之后,这时,各条排水河道都打开了,既排地面水,又排地下水,我们抽排的地下咸水便跟着它们一起,流入沧南排干,最后排泄入海,没有咸水搬家的问题。这个经验值得借鉴。它说明,妥善地安排排咸时间也是很重要的。

(六)关于补淡水源和引渗途径问题

利用咸水需要一定的淡水压盐洗盐,改造咸水需要更多的淡水来冲洗土壤和淡化地下水。仅靠降雨一是不可靠,二是淡化慢,必须另有大量的淡水水源。当前,河北省在这方面可资利用的淡水水源只有汛期的江河径流。据河北省水利厅刘宗耀总工程师介绍,尽管 1958 年以来修建的大量的水利工程已经发挥效益,流域内又出现了较多的偏枯水年,1965 ~ 1972 年,海滦河流域每年平均入海水量尚有 77.1 亿 m³。大旱的 1968 年,也有 13.6 亿 m³ 水入海。其中大部分都是汛期的暴雨径流。这些水不仅含盐很少,有的还携带一些泥沙,很肥沃,但过去很少有人利用。因为在河北省,一般情况下,农作物在汛期不仅不需要灌溉,还受洪涝的威胁。现在,我们把这部分水用作抽咸补淡,改造与利用地下咸水中补淡的水源,把宝贵的淡水留下,换为有害的咸水排泄入海,应该说是合理的。河北水专农场的试验,就是一个这样的实例。

大量的淡水通过什么途径渗入地下呢?这也是人们努力探索的一个问题。河北水专农场的试验地块,由于都是重盐碱地,因而采用地面灌水冲洗的方法,使改造地下咸水与改良盐碱地相结合;又因为面积小,抽咸井比较多、排水快,所以采用了连续冲洗的办法。这样做,虽然放弃了一季晚田,但由于盐碱地变为良田,又增加了灌水水源,第二年,一季小麦亩产400 斤,比过去一年的产量还高。1976 年改为一年两收以后,单产骤增至 800 斤以上。由此看来,我们的试验从生产角度看,也是成功的。这样的"一水一麦"应该是无可非议的。如果在小麦后期结合灌水套播上田菁,或者在麦收后灌水播种田菁,待汛期河里来水时,田菁已长高,不怕水淹。冲洗以后,不仅盐碱地得到改良,还增加了大量的有机肥料,其效果必然更好。河北省东部平原,特别是滨海地区,有许多重碱和碱荒地,如果那里能打出井深不大、单井出水量较多的浅井,又有一定的淡水可引,这个方法便可以推广。

在大面积试验或推广的情况下,井的密度不能太大,因而单位面积的排水效率也不可能太高。在非盐碱地和轻盐碱地上,汛期一般均有农作物生长,因而不能采用大水连续冲洗的方法。沟渠和坑塘蓄水侧渗虽然行之有效,但渗水量小,速度太慢。在这种情况下,我认为,可在 8 月或 9 月初进行间歇的大水灌溉。

另外,近年来,北京市农科所等单位在"水稻旱种,小苗旱长,后期水淹"的研究中取得了可喜的成果。我认为,在研究和推广抽咸补淡、改造与利用咸水的地方,同时推广这项农业科学技术,也是大量引渗淡水的一个良好途径。

七、存在问题

(一)浅井的井型结构问题

研究深度不大但出水量较大的浅井是一个大问题,这个问题不仅关系抽咸补淡咸水淡化的速度,而且关系基建投资的大小和运行成本的高低,是一个十分重要的问题。这个问题至今没有很好地解决。

（二）本试验对经济效益分析尚没有足够的重视

本试验没有注意积累有关资料,因而造成资料少,准确性也较差,无法对经济效益进行深入的分析。

第三章　河北平原盐碱地产生、发展及改良的简要历程

一、河北平原盐碱地的产生和发展

河北平原主要是由海河水系各大干支流泛滥冲积而成的。这些河流一出山口就泛滥冲积而成的平原，人们称为"冲积扇"，它处于这些河道的上游。这里地势较高、地下水位埋藏较深，地下水水质好；其土质因系洪水中携带的泥沙尚未分选便沉积下来，因而土质也较好。正是由于上述原因，在历史上，这里基本没有盐碱地。到了这些河道的中游，也就是河北平原的中部，人们称为"冲积平原"。这里地势低洼，河道纵横，径流不畅，因而地下水水位较高，埋藏较浅，且大部分浅层地下水为咸水。因此，这里历史上就有不少盐碱地。到了这些河道的下游，即滨海一带，人们称为"滨海平原"。这里大部分是海退地，其地平面仅比海平面高出几米。这里的土层在海水的长期浸泡下，从上到下都含有大量的盐分，地下水位又高。因此，这里起初都是重碱和盐碱荒地。

在历史上，河北平原的农田大都是靠天吃饭的旱地，没有用水灌溉的条件。中华人民共和国成立之初，在南运河边的水月寺，搞了一个小型灌区，他们修建了一些渠道，引南运河水灌溉农田，引起了地下水位的大幅度上升、盐碱地的迅速发展。于是，当地农民在一怒之下，把灌区的管理人员给赶跑了。但是，由于这个灌区面积很小，给当地农民造成的损失也

很小,河北省的各级领导和广大干部群众大都不知道这件事,因而也未从中汲取深刻的经验与教训。1958 年,在全国轰轰烈烈的"大跃进"中,全国各地掀起了大建水库和地表水灌区的高潮,大量引蓄河水发展农田灌溉。由于有灌无排、建筑物不配套、土地不平、大水漫灌以及渠系渗漏等,灌区内地下水位迅速上升,盐碱地迅猛发展。比如,地处冲积平原的衡水地区,据统计,1950 年,全区盐碱地面积为 112.96 万亩,占当年全区耕地面积的 10.7%,而到 1963 年,全区盐碱地面积猛增至 246.13 万亩,占当年全区耕地面积的比例达到 27.0%;地处冲积扇的石家庄地区的晋县(现为晋州市),在 1958 年大力发展渠灌之后,地下水位埋深猛抬至 1.0~1.6 m,据 1964 年统计,全县盐碱地面积由中华人民共和国成立初的 2 000 亩发展到 54 200 亩。

二、从以深沟为主、排灌结合、综合治理旱涝碱,到根治海河,洪旱涝碱综合治理

20 世纪 60 年代初,盐碱地已成为河北人民的心腹大患。因此,1962 年,河北省政府在天津市(当时的河北省省会)召开了全省的"治碱工作会议"。会上,在研究制定盐碱地的改良措施时,与会的人之间发生了严重的分歧:水利部门的领导和技术负责人参照国外的经验,提出以开挖深排水沟为主,排沥排除地下水,降低地下水位,同时发展地表水灌溉,综合治理旱涝碱。另有一些人则主张,平整土地、土埂围堾、增施有机肥等。会后,河北省水利厅决定,在全省迅速建立两个旱涝碱综合治理试典工程区,同时建立两个旱涝碱综合治理试验

站,要求河北省水科所从中尽快拿出一套综合治理旱涝碱的新经验。"龙治河旱涝碱综合治理试典工程区"和"龙治河旱涝碱综合治理试验站"便是其中之一。该试典工程区位于深县南部,南界和东界均为龙治河,西界为石津灌区四干渠,北界为石津灌区四干一分干,区内耕地面积 20 万亩。该试典工程还把五排支控制范围作为"典型试验区",其耕地面积为 2 万亩。龙治河旱涝碱综合治理试验站所在的后营村,便位于典型试验区内。该试典工程以滏阳河为排沥排咸出路(该处滏阳河深 6～8 m),以石津渠水为灌溉水源。龙治河挖深达 4 m 以上,五排支挖深大部分为 2.7～3.2 m。该试典工程由河北水利勘测设计院于 1962 年规划设计,由深县县政府组织全县民工于 1963 年春开始施工,他们首先疏浚了龙治河,开挖了五排支和典型试验区内部分排斗排农等田间工程,1963 年冬和 1964 年春继续施工。

试典工程仅完成了部分工程,便遇到了河北省 1963 年的特大洪水、1964 年的特大沥涝和 1965 年的大旱。1963 年的特大洪水过后,已有的排水工程便及时排除了积水,在没有排水工程的地方还到处是一片积水或一片泥泞的时候,这里的农民便及时完成了收秋种麦工作,龙治河和五排支两侧的盐碱地改良也初见端倪。1964 年,试典工程区内全年降雨 1 029 mm,汛期降雨 604 mm,均超出常年 1 倍还多。据西大章测站的测试,1964 年 7 月 21 日至 9 月 30 日,龙治河排水 2 400万 m^3,排盐 4.0 万 t,其中五排支排水 987.7 万 m^3,排盐 1.1 万 t。在这样的大涝之年,排水工程发挥了抗灾夺产的巨大作用。在试典工程区内,尚未开挖排水工程的地方,所有的低洼地上,到处是一片积水;在大面积微斜低平地上,虽无积水,但由于长期的地下水位过高,农作物遭受严重的渍害,晚玉米只有 1 尺多高,秋作物完全绝收。而做了排水工程的后营"西河沟"(低洼地),秋季却获得了丰收。由于一次次暴雨的淋洗,汛后,五排支两侧 100 m 内的盐碱地已经变好,而挖深达 3.2 m 处的五排支西侧,在 300 m 的范围内,盐碱地减少了 74%。1965 年,试典工程区全年大旱,据试验站雨量站所测,全年降雨仅 200 多 mm。这一年,后营村引石津渠水对全村的农田灌水 2~3 次,粮食亩产达到 407 斤。在没有深排水沟的条件下,渠灌抬高了地下水位,引起了沥涝和盐碱地的大发展;在有了深排水沟之后,灌水除满足农作物的需水之外,还可以发挥压盐和洗盐的巨大作用,从而加速了盐碱地的改良。从 1963 年洪水过后到 1965 年全年,五排支排除地下咸水的水流就一直没有间断过,而耕地内每次灌水之后,五排支的排水排盐量便成倍增长。如 1965 年春灌前的 3 月,五排支排水 3 802 m^3,排盐 6 990 kg,而春灌期的 4 月,排水量增至 42 509 m^3,排盐量增至 60 350 kg,分别增加 10.2 倍、7.6 倍。

试典工程综合治理旱涝碱的显著效益,受到了当地干部群众的热烈欢迎,也在外界引起了强烈的反响,受到了各级领导的高度重视。各市(县)公社来试典工程区参观考察的干部群众队伍,更是络绎不绝。这时候,龙治河旱涝碱综合治理的试验研究工作,不仅是河北省科委的重点研究项目,也是国家科委的重点研究项目。1964 年,国家科委把该项研究工作列入"黄淮海平原旱涝碱综合治理"国家重点研究项目,直接拨款 40 万元。于是,试验站又新盖了部分房子,完善了化验室和气象站,新建了潜水蒸发实验室,还新建了发电机组和发电机房,以解决试验站的化验和照明用电。1965 年 7 月,衡水地区行署在衡水召开了全区地、县、社三级干部共 800 多人的"除涝治碱规划会议",大力推广深县后营的经验。总之,截至 1965 年,龙治河旱涝碱综合治理试典工程完成的工程量及其控制面积虽然不大,试验站试验研究的时间虽然不长,但其效益却十分显著,成果十分喜人。它为河北平原的盐碱地改良找到了一条路子,也为地表水灌区综合治理旱涝碱指明了方向。

1963 年河北省特大洪水过后,毛泽东主席发出了"一定要根治海河"的伟大号召。经过一年的规划和准备,从 1965 年开始,直至 1978 年,在长达 14 年的时间里,河北省政府每年组织几十万民工,对海河水系每条较大的干支流,逐条进行疏浚开挖。在开挖深达 4～5 m 的排水深槽的同时,利用挖出的土筑成牢固的堤防,使之形成一条条完整的行洪、排沥、排除地下咸水的骨干河道。与此同时,河北平原各市(县)政府,还按照统一的规划,利用每年冬春农闲的时间,组织当地的农民群众,在本辖区的范围内,开挖一条条支、斗、农、毛等与之配套的田间排水工程。随着这些工程的不断进展,其除涝治碱的效益逐步扩大。仍以衡水地区为例,据统计,1950～1964 年,这 15 年,衡水地区平均每年受涝面积为 235.9 万亩,而 1965～1979 年这 15 年中,其平均每年受涝面积减少为 53.1 万亩;衡水地区的盐碱地面积也由 1963 年的 246.13 万亩,到 1979 年减为 97.02 万亩。

除此之外,在滨海平原,譬如唐山的柏各庄农场,早在多年之前,便大量引用滦河之水,种稻改良滨海盐碱地。在这里,河北农垦研究所的同志们为了更快更好地改良滨海盐碱地,于 20 世纪 60 年代和 70 年代初,在垦前的光板地上,在种稻之前,率先种植黄须和芦苇,从而大大提高了冲洗脱盐效果,节省了冲洗用水量。这些试验成果已得到大面积推广。而在有水可引,但水资源不足的地方,比如宁河的芦台农场等地,则利用水旱轮作,改良滨海的盐碱地。

三、排灌两套系统与排灌一套系统是综合治理旱涝碱的两种不同形式

任何新生事物的发展都不是一帆风顺的。1972 年,当时正处在"文化大革命"中,这时,龙治河旱涝碱综合治理试验站已被撤销。就在这一年的上半年,有位省里的负责同志来到深县后营村。他坚决反对这里的排灌两套系统,极力推崇"排灌一道沟"。于是衡水当地的领导同志,便决定在原龙治河旱涝碱综合治理试典工程区西部二排支控制范围的南部,新建一个"排灌一道沟"的试点(该试点是贾城西公社的一部分),该试区要平掉原有的全部灌渠,新挖与扩挖 20 多条深4.5 m、底宽 1.5 m、上口宽达 20 多 m 的大沟,并增挖一条深度 4.5 m 以上的燕河。燕河西起石津渠四干渠,并在四干渠与燕河连接处新建一座跌水,灌水时将石津渠四干渠的渠水通过这座跌水排入燕河,然后送入试点区内的各条大沟内。试点区内各村的农民再在沟边安装机泵,由沟内抽水灌溉自己的农田。燕河除承担为"排灌一道沟"试点区内输送灌溉水的任务之外,还与龙治河一起,共同承担试点区排沥和排除地下咸水的任务。该工程于 1972 年由深县政府动用了全县的劳动力进行施工,并于当年完工。

"排灌一道沟"建成后,试点区内的盐碱地在几年之内便

得到了改良,但在实际运用中也暴露出来一些问题,而且这些问题越来越突出。首先,是浇地费用问题。石津灌区本来是地表水灌区,各地块都能自流灌溉。现在却成排灌一道沟,要把地表水放到沟里去,浇地时再用机泵把水提上来。因此,各村的老百姓还得自筹资金购买机泵管带,浇地时还要耗油耗电,农民浇地除了必须向石津渠缴纳水费,还必须自筹提水费用和机泵的维修费用,而随着油、电价格的不断提高,这部分费用也越来越高,群众的负担越来越重;其次,沙壤土沟坡坍塌淤积严重,每年灌水前,清淤的任务很大,如果不清或清淤不到位,渠水就不好调度,有的地方就抽不到水,或者抽的全是地下排出的咸水。

经过"排灌一道沟"试点区近20年的长期运用,和试点区内外提水灌溉与自流灌溉的反复对比,试点区内的广大干部群众已经十分清楚情况。1990年,衡水地区水利局和石津灌区管理局遵从当地广大干部群众的强烈愿望和一致要求,在燕河南侧又新建了一条地上灌渠——燕河南干,并进行了田间工程配套,地上自流灌渠再一次被人们恢复了起来。

"排灌一套系统"与"排灌两套系统",是在不同自然条件下,广大人民群众在自己同旱涝碱长期斗争的实践中,针对本地的自然特点,逐步摸索出来的灌溉排水模式。它们各有自己的特点(优缺点),也各自适应一定的自然条件,不存在谁是谁非的问题。我们广大的人民群众,要治理本地的旱涝碱,应针对本地的自然条件,因地制宜地学习与推广。既不能盲目地照搬照抄,更不能武断地对一种模式肯定一切,对另一种模式则否定一切。这两种灌溉排水模式,在衡水地区就大量存在着。前者分布在滏阳河以东,即衡水地区东部,以故城县最为典型;后者则分布在滏阳河以西,即衡水地区西部,以深县石津灌区范围最为典型。它们都是由它所处的客观条件来决定的。

首先,我们说故城县的"排灌一套系统"。它是故城县人民自 20 世纪 60 年代后期开始,逐步开挖出的一条条纵贯全县,上下游深宽一样大的能引、能蓄、能排、能供两岸人民提水灌溉的河道。对于它,有的人把它称为"深渠河网",有的人把它叫作"排灌一道沟"。为什么"排灌一套系统"在故城县能够长期发展并深受广大人民群众欢迎呢?主要是它具备如下几个重要条件:第一,故城县东临卫运河,该河上游的支流卫河,由河南省北部发源于太行山东坡的许多小河汇流而成。它是一条纵坡平缓、河槽稳定、河水含沙量小的深水河道。因各河上均无建大型水库的条件,至今也无大型水库,故而每年汛期的降雨径流便沿河而下,汛期和汛后还总有一些基流。过去,这些河水都白白流入大海。故城县人民自身缺乏灌溉水源,便决心引蓄这些河水。也就是说,这些纵贯全县的、上下游深宽一样大的"排灌一套系统",是在有水可引的条件下,为了引蓄卫运河水,并适应引蓄水的需要而建的。第二,这里的地势西南高、东北低,地形较为平坦,地面纵坡在1/8 000左右,纵坡较小,因而引蓄水工程所需的调控建筑物少,投资较省。第三,这里的土质比较黏重,河道塌坡淤积较轻,维护清淤任务较小。第四,每年汛后引蓄水后,可供沿河两岸农民群众在秋冬和春季提水灌溉农田。第五,这里浅层地下水矿化度较低,土壤盐碱程度较轻,因而河道蓄水位稍高一些,不致引发两侧土壤迅速盐碱化,而到每年春季引蓄的河水被提水灌溉用完之后,深大的河道又可发挥排除地下水、降低地下水位的作用,从而可以改良盐碱地和防止土壤次生盐碱化。而到了汛期,这些河道又成了高标准的排沥除涝的骨干河道,有力地发挥排水的作用。

其次,我们说深县石津灌区的"排灌两套系统"。第一,由于滹沱河上有岗南、黄壁庄2座大型水库,滏阳河上有朱庄、临城、东武仕3座大型水库和10座中型水库,充分地拦蓄了两河汛期的降雨径流,使得两河在平常年份连汛期都无水可引;第二,石津灌区有岗南、黄壁庄2座大型水库蓄水,根本不需要再自建蓄水工程;第三,滏阳河以西,地势西高东低,地面纵坡为1/3 000左右,地面纵坡较大,"排灌两套系统"中,只需要断面小得多的灌水渠系来承担输配水任务,因而工程量小,投资省;第四,滏阳河以西,除滏西沿河一带地势平坦低洼,土质大部分为黏土外,其余大部分地方,其地形地貌、土质、地下水埋深及矿化度、土壤盐碱程度等都变化很大,分布复杂,在"排灌两套系统"中,排水工程可根据不同的情况,采用不同的沟深、沟距因地制宜地布置田间工程,可以做到节省工程量、节省投资,这是"排灌一套系统"无法做到的。

四、井灌的发展使旱涝碱得到根治

广阔的河北平原上,正在轰轰烈烈地根治海河并以空前的规模大搞排水配套工程,同洪水、沥涝和盐碱顽强战斗的同时,在另一条战线上,以打井提取地下水灌溉农田,也次第展开并迅速推广。在河北平原打机井抽取地下水灌溉农田,开始于20世纪60年代中期。譬如石家庄地区晋县,该县在1958年大力发展渠灌,导致地下水位大幅上升,沥涝和盐碱大发展后,从1964年开始,便大力发展浅机井,提取浅层地下水灌溉农田。于是,形势很快发生了急剧的变化。在几年的时间内,全县的耕地全部变成了高标准的水浇地,地下水位显著下降,沥涝和盐碱地从此消失了。1977 年,全县平均降雨 832 mm,其中周头公社最大,达 1 041 mm,但晋县该年全县都获得了大丰收。绝大部分降雨都渗入地下,补充了地下水,变成了可贵的水资源。由于打井开采浅层地下水技术难度低,所需费用较少,又能综合治理旱涝碱,因此这项事业便在河北平原广大的冲积扇和冲积平原的浅层淡水区迅速推广开来。

但是,在河北平原广大的冲积平原上,大部分浅层地下水为咸水,有些地方浅层地下咸水还和零星分布的浅层淡水或薄层淡水错综分布。由于当时人们缺乏地下水勘探技术,广大农民不知道哪里的地下水是淡水,哪里的地下水是咸水,更不知道有些薄层淡水究竟有多厚。因此,在历次的打井高潮中,他们打出了不少咸水井,都成了废井,使打井开采地下水的工作屡屡受挫,人们把几千年靠天吃饭的旱地变成水浇地的美好愿望迟迟不能实现。1968 年,衡水地区又有一次全年大旱,全年没有一场透雨。在广大的浅层地下咸水区,连片的耕地,到处是一片荒芜。但衡水地委和行署的领导们发现,唯独冀县(今冀州市)韩庄的耕地里,到处是一片葱茏,在这大旱之年,全村的农田仍获得了大丰收。经过深入调研,原来是该村在头几年的工副业发展中,赚了一些钱,他们便从天津市自来水公司请来一支打井队,在自己的耕地里打了 3 眼深机井,穿过浅层的苦咸水,开采利用下面的深层淡水,使这个小村的全部耕地都变成了水浇地。这一事实,深深地感动了衡水地委和行署的领导们,他们深受启发,如获至宝。于是,他们决心向全区推广韩庄的经验,大力开发深层淡水,发展农田灌溉。

要开发深层淡水,谈何容易?因为这里的水文地质条件极差,深层淡水大都埋藏在地面 100～200 m 之下,含水层均为粉细沙,且上面均覆盖着数十米乃至 100～200 m 厚的咸水层,成井深度在 200～300 m 以上。所以,在这里要打好深井,技术复杂,难度大,所需资金也很多。而那时,一无打井设备,二无技术和经验,三缺资金。但英雄的人民在中国共产党的领导下,从未被他们前进道路上的任何困难吓倒过,也从未向任何困难屈服过。他们决心克服一切困难,战胜一切艰难险阻,让梦想成真。一方面,从地区到各县,都成立了机井指挥部,专门负责各项打井工作;与此同时,千方百计地筹集资金,购置钻机等各种设备,在市、县两级均建立了钻井公司或打井队。由于时间紧、任务急,他们不得不在干中学。就在衡水地区大打深井、大力开采深层淡水的同时,河北省冲积平原上的其他各地(市)也相继开展起来了。这项工作受到了河北省政府和国务院副总理李先念的高度重视与大力支持。因此,在 20 世纪 70 年代,每年由省水利厅拨付给衡水地区的打井补助资金即达 700 万～1 000 万元,最多的一年达到了 1 500 万元。另一方面,由于这时正处于"文化大革命"中,不少城市里的工厂处于停工或半停工状态,生产任务完不成。广大农村社队企业的业务员们,便纷纷走进这些工厂,把他们的生产任务或部分零部件的生产任务接过来,拿到农村的队企业来生产。于是,社队企业迅速发展,他们从中赚了不少钱,也为地方财政增加了不少税收。那时,这些资金也大都用在了深井建设上。而为了让这些新成立的打井队伍尽快地掌握打井技术,积累起丰富的经验,以圆满地完成自己的生产任务,各地(市、县)的机井指挥部和钻井公司的广大干部职工,不知办了多少培训班,召开了多少现场会与经验交流会。起初,一些机台的打井工人由于没有把打井技术真正学到家,缺乏经验,也曾经打过一些废井,使当地农民蒙受了一定的损失,付出了一定的代价;但在他们不屈不挠的奋斗中,这些刚刚扔下锄头的农民终于迅速地变成了一个个合格的打井工人,从而推动了深井建设的迅速发展。据统计,1978 年,衡水地区全区深井数达到 16 490 眼,深井灌溉面积达 143 万亩。到 1991 年,全区深井数达到 19 371 眼,其中农用深井 17 970 眼,深井灌溉面积增至 233.51 万亩,深层水年开采量 4.58 亿 m^3。

随着深层水的开采,很快便出现了地下水位的下降。1970 年,衡水、冀县、枣强三县(区)的交界地区便出现了 1 300多 km^2 的下降漏斗,漏斗中心水位埋深 13 m。至 1990 年,漏斗面积扩大为 4 032 km^2,漏斗中心水位埋深降至 56.84 m。这时候,再叫地下水位下降漏斗已不够贴切,实际上是深层地下水位大面积的普遍下降。深层水位的下降,使配套的井泵不断地更新换代,动力的功率越来越大,耗能越来越多,浇地费用越来越高。另外,深层水位的严重下降,还往往会引起部分地带的地面沉降。但是我认为,对深层水位的下降,必须一分为二。主要是深层地下水位的普遍下降引起了浅层地下咸水位的普遍下降。根据河北省地矿局第三水文地质工程地质大队观测报告,阜城县西部浅层地下咸水位年低水位期埋深(春季埋深),1977 年为 2 ~ 3 m,1990 年,全部降至 6 m 以下。而浅层地下咸水位的下降又大大提高了本区的抗涝能力,加速了盐碱地的改良。如 1969 年 7 月 28 日,深县龙治河流域发生了短历时特大暴雨,后营站 6 h 降雨 230 mm,雨后,龙治河河水漫溢,河里河外一齐流,护池村西深衡公路上的低洼段,流水深度达 0.5 m 以上。可见,那时遇到这样的短历时特大暴雨,便会发生不可抗御的沥涝。然而,到了 20 世纪 80 年代以后,情况就不同了。1987 年 8 月 26 日,本区东北部降大暴雨,武邑 6 h 降雨 230 mm,景县杜桥 6 h 降雨 180 mm;1992 年 7 月 23~24 日,阜城县 20 个乡在 8 h 内降雨 250 mm 以上,其中 11 个乡降雨超过 300 mm,这些降雨后,由于浅层地下水位深,大部分雨水渗入地下,不但没有发生涝灾,所产径流也不多,基本都拦蓄在本区的河道中。再说盐碱地的改良,20 世纪 90 年代以后,由于地下水位的不断下降,不仅使本区 1958 年以来新增的盐碱地得到了改良,就连历史上不知存在了多少年的老盐碱地、重盐碱地乃至盐碱荒地,也得到了彻底改良。

五、改造与利用浅层地下咸水的尝试

以上便是我对河北平原盐碱地产生、发展和改良简要历程的回顾。由于受个人各方面条件及水平的限制,难免具有一定的片面性。河北平原盐碱地改良的历史比它曲折得多、复杂得多,它的技术、经验和教训也一定丰富得多。下面,需要进一步说明的是,在 20 世纪 70 年代之前,无论是国内还是国外,利用机井抽取地下水改良盐碱地的实践中,他们抽出的水都是淡水;有一点不同的仅是国外的试验是在渠灌沟排没有达到预期的效果之后开始的,仿佛他们抽取地下水的首要目的是降低地下水位,改良盐碱地;但文中也均指明了抽出的水又用于灌溉。而在国内,则是抽出的水都用于灌溉,特别是在深井灌区,当初他们打井抽取深层水的目的完全是灌溉。

1973 年,"改造与利用浅层地下咸水"成为河北省当时最大的研究课题。1974 年,曲周县张庄、南皮县乌马营、束鹿县王口等试区相继建立起来,河北水专农场"垂直排水冲洗改良盐碱地、抽咸灌淡改造地下咸水及利用咸水灌溉"的试验研究工作,也是在这个时期进行的。他们均在浅层地下咸水区打了一些浅井,抽取地下咸水。其目的一是降低地下水位改良盐碱地,二是改造地下咸水即淡化地下水,三是利用其中的微咸水灌溉农作物。经过几年的试验研究,各试区均取得了一批成果。但是,由于浅井井型结构未能取得突破性的成果和缺乏大量的用于冲洗的淡水水源,至 20 世纪末,这些研究成果均未取得大面积推广。

第四章　机井排灌治水

在半干旱半湿润气候带且排水不畅的地区,旱、涝、碱是困扰人们的三大自然灾害。长期以来,人们同旱、涝、碱的斗争,走过了曲折的道路。起初,开渠引水、灌水抗旱,造成盐碱地的迅速发展;继而渠灌沟排,收到了一定的成效,但往往事倍功半;待机井排灌出现,形势才有所好转。如美国亚利桑那州索耳特河谷地,在渠灌沟排没有达到预期效果的情况下,采用了机井排水,抽出的水又用于灌溉,1919～1923 年,打机井159 眼,控制面积 39 万亩,运用几年,就显示了土壤改良的效果。到 20 世纪 60 年代初,美国西部各州的机井达 13 万眼以上;在巴基斯坦的印度河流域,灌溉面积约 2 亿亩,由于长期灌溉,地下水位不断上升,到 1954 年,已有 6 600 万亩的土地排水不良和沼泽化,其中 3 000 万亩严重盐碱化。

为了改良盐碱地,曾采用渠道短期引水、减少灌水定额、渠道防渗、明沟排水冲洗等措施,但收效不大。从 1959 年起,10 年中修建管井 7 654 眼,其中瑞赤那地区在 720 万亩土地上建管井 1 976 眼,运行 15 个月以后,地下水位降低了1.17～1.50 m,6 年以后,沼泽化即全部消除;在苏联饥饿草原的盐碱地改良中,起初为明式排水网,由于收效不大,排水沟不断加深,如末级排水沟于 1941～1957 年,沟深由 1.8 m先后 3 次加深至 2.25 m、2.5 m 和 3～4 m。明式排水网占地多、费用高,且边坡容易坍塌,因此没有收到令人满意的效果。1960～1961 年,开始试验机井排灌,结果地下水位下降很快,抽出的水又用于灌溉,仅经数月抽水,试验地段的土壤就完全脱盐淡化了。

在国内,机井排灌开始于 20 世纪 60 年代中期,如河北晋县,1958 年后由于大力发展渠灌,地下水位埋深抬高到 1.0 ~ 1.6 m,1964 年,盐碱地由中华人民共和国成立初期的 2 000 亩发展到 54 200 亩,之后大力发展机井排灌,地下水位便不断下降,盐碱地在几年之内便消失了。1970 年,冀鲁豫平原机井达 63 万眼,井灌面积达 6 195 万亩。

上述机井排灌的成功,是在山间盆地、谷地及山前冲积、洪积扇地区。那里水文地质条件好,成井易,单井出水量大,地下水是淡水,抽出的水都可直接用于灌溉。因此,试验一旦成功,便很快得到了推广。但是,在广大的冲积、湖积平原和滨海平原,这里不仅地势低洼、径流不畅、地下水位高,而且水文地质条件很差,地下大都埋藏着厚度不等、矿化度不同的咸水层,有的地方在咸水层上面还有一层薄层淡水,彼此错综分布,情况十分复杂,旱、涝、碱十分严重。在这里搞机井排灌,难度极大。起初,人们在这里也打浅井,但成井困难,单井出水量小,无法用机泵抽水灌溉农田;又由于缺乏地下水勘探技术,还打了不少咸水井,成了废井。

从 20 世纪 60 年代末开始,河北黑龙港地区克服重重困难,掀起了大规模打深井的热潮,穿过上层的苦咸水,开采下面的深层淡水,发展农田灌溉。深层水的大量开采,很快便出现了深层水位的不断下降,造成了机泵不断地更新换代,浇地成本不断提高,局部地区还出现了地面沉降。但到了 20 世纪 80 年代和 90 年代,人们发现,深层水大面积严重下降,继而引起了浅层咸水位的普遍下降,从而使这里的沥涝和盐碱问题得到解决。1974 年,"综合治理旱涝碱咸"被列为国家的重点研究项目。经过几年的努力,在改造与利用浅层地下咸水方面取得了一批成果,但囿于浅井井型结构、淡水水源及排咸出路等一系列问题的制约,无法大面积迅速推广。1992 年,衡水地区水利局与枣强县水利局一起,在水利部和河北省水利厅的大力支持下,在枣强县建立了"咸淡混浇与管道输水相结合开发研究示范区",1 眼深井配 1～3 眼浅井,使深井水和浅层地下微咸水混合后浇地,既克服了利用咸水浇地的弊端,又扩大与改善了水浇地,降低了浇地成本,因而得到了较快的推广。

机井排灌的发展,使旱、涝、碱得到了根治。但从山前冲积扇到冲积平原和滨海平原,普遍暴露出一个新问题,就是本地水资源严重不足。主要表现为地下水的超采导致地下水位的普遍下降。于是,千方百计引蓄外水这一新课题便摆在了我们的面前。本书只是对河北机井排灌的经验及相关问题进行了粗略的总结。

一、机井排灌的优越性

(一)地下水位下降快、降得深,改良盐碱地效果好

据河北水科所龙治河试验站资料,在龙治河 5 排支 4 排斗范围内,末级深沟 2.3～2.5 m,间距 300～500 m。1964 年 4 月,当地下水埋深 0.49～0.72 m 时,平均排咸流量 0.12 m³/h 亩;当地下水埋深 1.01 m 时,平均排咸流量 0.026 m³/(h·亩)。同年 4～6 月,垂直 5 排支的 6 眼观测井,地下水位埋深由 0.2～1.2 m 降至 2.1～2.3 m,历时 51 d,地下水位平均降速为 0.13 cm/h;同年汛后,地下水位埋深由地表附近

降至 2.1 ~ 2.3 m,历时 130 d,地下水位平均降速为 0.06 cm/h。在深沟排水的条件下,地下水位的降速越来越慢,其最大降深受沟深限制,上述地区 1964 年、1965 年两年汛前,最大降深为 2.2 ~ 2.6 m。

利用机井排水,地下水位下降的速度要快得多,据我们 1974 年 6 月在河北水专农场测试,当地下水位埋深大于 3 m 时,机井的稳定流量为 20 ~ 30 m^3/h,85 亩地一眼机井抽水,平均排咸流量为 0.23 ~ 0.35 m^3/(h·亩),区内地下水位降速平均为 1.74 cm/h。

另外,在明沟排水的条件下,由于地下水位较高,大量的雨水从地表直接排入排水沟,未能充分发挥雨水对土壤洗盐和淡化地下水的作用;如 1964 年汛期,龙治河试区降雨 604 mm,5 排支排水 987.7 万 m^3,平均矿化度 1.11 g/L,但在排水的过程中,水的矿化度变化很大,在排地下水时,矿化度为 4 ~ 5.6 g/L,暴雨洪峰时,矿化度仅为 0.4 ~ 0.5 g/L。在机井排水的条件下,由于地下水位降得深、降得快,雨水几乎全部渗入地下,可以充分发挥雨水洗盐和淡化地下水的作用;如 1974 年河北水专农场抽咸灌淡期间,灌水、降雨合计 908.9 mm,无地表径流产生,机井排水 48 810.7 m^3,平均矿化度 4.26 g/L。

在明沟排水条件下,由于地下水位较高,降雨和灌水不能充分发挥洗盐及淡化地下水的作用,因此盐碱地改良效果较差,下面用河北水专农场的数据来说明。1971 年在农场台田上种稻,水旱轮作改良盐碱地,一季稻每亩灌水 1 400 ~ 1 600 m^3,由于台田沟浅,土壤脱盐深度小,脱盐率低,另外,旱作时地下水位高,土壤返盐快,因此一般种一季稻后,旱作只能保 1 ~ 2 年全苗,到第 2 年或第 3 年,又出现块块盐斑。1975 年汛期,我们在东台田上冲洗改良盐碱地,每亩灌水 460 m^3,从取土化验资料看出,80 cm 以上土层脱盐,平均脱盐率 48.98%,但 80~200 cm 累盐率却达 80.5%,地下水矿化度也由冲洗前的 6.07 g/L 增至 9.6 g/L。1974 年汛期,农场抽咸灌淡地块,每亩灌水 950.9 m^3(包括降雨),其洗盐效果比台田种稻和冲洗改良盐碱地均好得多,其特点如下:

(1)脱盐深度大,2 m 以上各土层均脱盐(2 m 以下未取土)。

(2)脱盐率高,160 cm 土层脱盐率高达 67.15% ~ 84.38%。

(3)没有上部脱盐、下部积盐的现象。

(4)地下水也淡化了。

1974 年抽咸灌淡前,试区内盐斑地块 2 m 以内的土层,平均含盐率为 0.2% ~ 0.53%,表层地下水矿化度大部分为 4.2~5.4 g/L,最高达 9.6 g/L。经过一次抽咸灌淡,2 m 土层平均含盐率降为 0.05% ~ 0.07%,表层地下水矿化度降为 1.92~2.96 g/L。

(二)机井排水地面水入渗快,可有力地除涝、防渍

在机井排水条件下,地下水位降得快、降得深,地面水入渗不受地下水的顶托,其入渗速度比明沟排水时的入渗速度快得多。1974 年 8 月,我在河北水专农场东台田观测,地面水入渗速度平均为 1.6 ~ 1.8 mm/h,而同期在机井排水条件下,地面水的入渗速度为 2.4 ~ 8.6 mm/h。

由于地面水入渗快,地下水位深,因而雨后地表不会形成严重积水,作物根系层土壤水也不会在较长时间内处于饱和状态,因而可有力地除涝、防渍。1977 年,衡水地区降雨 783.9 mm，由于深井刚发展，地下水位高，淹地 386.25 万亩，占全区耕地面积的 43.9%，而同年晋县降雨 832.0 mm，由于机井排灌，地下水位深，秋季却是一个大丰收年。1969 年 7 月 28 日，深县龙治河以北发生了短历时特大暴雨，后营 6 h 降雨 230 mm，雨后龙治河河水漫溢，深县涝灾面积达 66.3 万亩，占全县耕地面积的 50%；但 1992 年 7 月 23～24 日，阜城县 20 个乡在 8 h 内降雨 250 mm 以上，其中 11 个乡降雨超过 300 mm，由于机井排灌的发展，雨前阜城全县地下水位埋深均在 6 m 以下，因而大部分雨水渗入地下，没有发生涝灾。

（三）机井灌水及时，便于管理，有利于抗旱夺高产

我国华北地区夏季天气多变，降雨时空分布十分复杂。在地域上常常此旱彼涝，临近地区也变化很大，农民称为"隔道雨"；在时间上，旱涝转化甚快，长期干旱，突然一场大雨，一夜之间转旱为涝。明沟排水的大型自流引水灌区，夏季灌水很难掌握，虽久旱不雨，灌水却往往举棋不定。因为常常遇到这种情况：一是渠水要来了，雨也下起来了，大量的渠水只好退水排走，造成浪费；二是渠水刚浇过，又降了暴雨，以致涝渍成灾。1971 年 6 月下旬，深县后营夏灌后，又降雨 108 mm，晚玉米由于受渍，半月之内黄瘦不长。也就是说，明沟排水的大型自流引水灌区难于彻底摆脱干旱和涝渍的困扰，影响秋季产量。机井排灌区则可丢掉这两个包袱，旱就灌，哪里旱哪里灌，雨来停机，没有退水造成浪费之虞；灌后遇雨，由于地下水位深，不会发生涝渍之害，因此可以彻底摆脱干旱、涝渍的困扰，有利于秋季抗旱夺高产。

（四）机井排灌可改造利用地下咸水

机井排水，如果有河渠淡水灌水冲洗，不仅可改良盐碱地，而且可淡化地下咸水,抽咸灌淡越多,咸水淡化越快,下面用河北水专农场的数据来说明。该农场地处沧州市北郊,过去土地盐碱很重,1974 年、1975 年进行了两年抽咸灌淡试验。试区在农场西部,为台田,台面宽 40 m 左右,沟深 0.8 m 左右,控制面积 85 亩,其中耕地 52 亩。土壤为沙壤土,耕地中盐斑面积占 1/3 以上。地面以下 10 m 以内地下水矿化度大部分为 4 ~ 6 g/L,西南部地下水矿化度为 2 g/L 左右,东北部地下水矿化度为 9.9 g/L。试验期间除田面用南运河水淹灌外,还把台田沟内灌满淡水。试验时期选在汛期,排灌同步进行。抽排咸水由垄沟汇流后经排斗入沧南排干。试验时间为 1 个月左右。1974 年试验期间,累计灌水 38 006 m³,降雨 238.5 mm,排咸水 51 467.5 m³,排盐 220.127 t,井水矿化度从 3.2 ~ 9.5 g/L 降至 2.2 ~ 4.95 g/L;1975 年试验期间,累计灌水 47 300 m³,降雨 116.6 mm,排咸水 64 500 m³,排盐 207 t。井水矿化度的情况为:2 眼真空井分别从 3.2 g/L 和 3.3 g/L 降至 2.4 g/L,2 眼锅锥井分别从 3.14 g/L、5.91 g/L 降至 2.55 g/L 和 4.23 g/L。两年试验,平均每亩灌水(包括降雨)1 244 m³,排咸 1 367 m³,除去灌水所含盐分,每亩净排盐 4.823 t,连续 2 年抽咸的真空井,井水矿化度由 4.04 g/L 和 4.49 g/L 均降至 2.4 g/L。

　　如果没有河渠淡水可引,有深井淡水与浅井咸水混浇和轮浇,在雨水、深井水或混合水的淋洗、冲洗下,浅层地下咸水也会逐步淡化,但速度要慢得多;如南皮乌马营试区,咸淡混浇浅井深 10 m,20 世纪 70 年代水位埋深为 2 m 左右,井水矿化度为 5 ~ 7 g/L,到 80 年代,水位埋深为 4 m,井水矿化度降至 2 ~ 5 g/L。

　　20 世纪 70 年代的试验,大家一致认为,当咸水矿化度<5 g/L时,灌溉农作物增产显著,是可行的,但必须注意以下几点:第一,选择较耐盐的作物;第二,浇大苗不浇小苗,比如小麦在拔节以后、玉米在 8 叶以后、棉花在现蕾以后才能浇;第三,年灌水不超过 3 次;第四,灌后土壤累盐,要通过雨水淋洗或其他灌水措施,使土壤盐分达到周年平衡。20 世纪90 年代初,中国农科院土肥所谢森详研究员指出,提高土壤渗透排水能力,加大灌水定额,减少灌水次数,尽可能把土壤中的积盐排出作物根系层以外。此外,增施有机肥和过磷酸钙等,可使咸水灌溉收到更好的效果。

(五)机井排灌可充分拦蓄雨水,增加水资源

渠灌、沟排的平原地区,由于地下水位较高,又缺乏足够的蓄水设施,降雨径流大量排走,造成水资源的浪费,而机井排灌,由于地下水位深,地面水入渗快,降雨可大量渗入地下,补充地下水。1977 年,衡水地区降雨 783.9 mm,由于地下水位高,有 9 亿 m³径流流走,而降雨量更大但机井排灌做得好的晋县,只有局部地区产生了较小的径流,且未流出县境。1985 年,安平、饶阳和深县北部,由于机井排灌的发展,汛前地下水位埋深达 6 ~ 14 m,汛期降雨426 mm,仅产流 1 460 万 m³(大部拦蓄在本区的河道里),其余大部分补充了地下水。

(六)机井排灌工程量小,投资省

机井排灌的工程量比明式排水网的工程量小,投资省。还比明式排水网减少占地损失,增加水资源,而且由于减小了径流系数,提高了骨干河道的除涝标准,还可节省大量的基建投资。

二、浅层地下咸水区机井排灌的几种形式

(一)深机井灌溉

河北黑龙港地区浅层咸水及薄层淡水区,于 20 世纪 60 年代末开始打深井发展灌溉。随着深层水开采量的增加,深层水位不断下降,深、浅层水位间形成了较大的水位差,于是浅层水开始越流补给深层水,由此造成了浅层咸水位的下降,为除涝、防渍和改良盐碱地创造了条件,如衡水地区,1969 年开始大力开采深层水,1978 年,深井达 16 490 眼,深井灌溉面积 143 万亩,到 1991 年,深井又逐步增至 19 371 眼,深井灌溉面积增至 233.51 万亩。1978 ~ 1991 年,深层水年开采量 4.0 亿 ~ 5.5 亿 m^3。1980 年,深层水位埋深降至 15 ~ 35 m,到 1985 年,又降至 20 ~ 45 m。20 世纪 80 年代,浅层咸水位有明显下降,浅层咸水位的下降,大大提高了除涝能力,加速了盐碱地的改良,如 1987 年 8 月 26 日,武邑县 6 h 降雨 230 mm,没有发生涝灾,所产径流也不多。1991 年,衡水地区的盐碱地仅剩下 47.23 万亩,相当于 1949 年和 1963 年的 49.3% 和 19.2%。

(二)咸淡混浇

随着深井灌溉的不断发展,深层水位不断下降,深井浇地成本越来越高,利用深层水矿化度低这一优势,每眼深井配 1 ~ 3 眼浅井咸淡混浇,混合水矿化度控制在 2 g/L 左右,既利用了浅层地下微咸水,又无咸水浇地的束缚,还无把地浇碱的威胁;既可以扩大和改善水浇地,又可以降低浇地成本,还进一步降低了浅层地下咸水位。从枣强县吉利咸淡混浇和管道输水相结合开发研究试验示范区的情况可以看出,后王寿村 5 眼深井共配浅井 13 眼,控制水浇地 2 390 亩,水浇地面积比

原来翻了一番多,浇地运行费由原来的 14.5 元/亩降至 7.3
元/亩。

(三)淡咸混提

在薄层淡水区,起初囿于淡水底板的限制,许多地方单井
出水量过小,机井排灌无法发展。后来在摸清淡水底板上下
水质的情况下,因地制宜地突破淡水底板,增加井深,将井水
矿化度控制在 2 g/L 左右,使单井出水量大幅度增加,从而有
力地促进了机井排灌在薄层淡水区的发展。如在"七五"国
家重点科技攻关项目——河北景县杜桥机井灌区配套改造技
术的试验研究中,王吾庄和岔道口(第六章中的 G19、G36 两
井)两眼试验井,其淡水底板埋深分别为 18 m 和 13 m,起初
打的井深 18 m,单井出水量只有 $10 \sim 13$ m³/h,农民无法使用;
后来我们摸清这里的地下水矿化度在淡水底板以上为
1.2 g/L,底板以下为 3.0 g/L,于是将井深分别增至 33 m 和 31
m,于是单井出水量增加了 1 倍以上,而井水矿化度分别为
2.0 g/L 和 2.4 g/L,很受农民欢迎。

(四)咸水灌溉和咸淡轮灌

利用小于 5 g/L 的咸水,对较耐盐作物的大苗适当地进
行灌溉,增产是显著的。灌后耕层土壤累盐,要靠汛期较大的
降雨淋洗。但我国华北地区降雨量变化很大,春旱、夏旱、秋
旱甚至全年大旱,也是常有的,因此单纯浇咸水就可能出现播
不上种、小苗因旱减产或土壤盐碱化。

在沿河地带,利用河道引蓄的洪沥水对小麦灌播前水、冻
水或返青水,在小麦拔节以后,用咸水灌溉,这样既保证了作
物增产,又可冲洗土壤的积盐。

在深井灌区增打部分浅井,实行咸淡轮浇,即播前和小苗

期用深井水,大苗期用浅井水,既保证作物增产,又可冲洗土壤积盐;在深井密度较大的地区,可节省深层水,又可显著降低浇地成本。

(五)抽咸灌淡改造咸水与利用咸水相结合

当一个时期内有一定量淡水时,可像河北水专农场那样,抽咸灌淡改良盐碱地与改造地下咸水相结合,改造咸水与利用咸水相结合。当土壤含盐量高,或地下水矿化度高,或地下水位高,或排水条件差时,都不能利用咸水灌溉。若抽咸灌淡,可在短期内使深厚的土层彻底脱盐,使高矿化度水淡化。河北水专农场的试验证明,地下水的矿化度越高,抽咸灌淡后淡化速度越快。如真 9 井,开始时井水矿化度为 9.5 g/L,经过 1974 年一次抽咸灌淡,平均灌水 608 m^3/亩,真 9 井抽水 317.6 h,井水矿化度便降至 4.95 g/L。也就是说,抽咸灌淡可使原来不能利用咸水灌溉的地方广受咸水灌溉之益,并随着抽咸灌淡的继续,咸水逐步淡化,咸水灌溉的束缚将越来越小,灌溉效益将越来越大,最后地下咸水彻底淡化,从利用咸水变为利用淡水。

在地下水为大面积咸水的情况下,小面积抽咸灌淡能否成功? 排咸出路怎样解决,会不会造成咸水搬家? 如何引渗? 上述诸多问题,人们还有一些疑虑。实践证明,这些问题都是可以解决的。河北水专农场抽咸灌淡的面积只有 85 亩,为避免抽排周围地块的咸水,抽咸与灌淡同步进行,并注意灌排水量的大体平衡,取得了成功;翌年春,利用淡化了的咸水浇麦,水也没有很快变咸。1975 年春,真 7 井抽水 129 h(累计抽水量 3 717 m^3),井水矿化度不变,当累计抽水达 176 h,累计抽水量达 5 077 m^3时,井水矿化度才升至 3.28 g/L,比开始仅升高 0.14 g/L。1976 年的情况也基本如此,分析其原因,主要是被淡化的地下水库深度大、水量大,咸水灌溉所提取的水量仅为它的数十分之一。

关于排咸出路:对于大面积抽咸灌淡,可规划出排咸系统,如果排水沟较浅,尽量在汛期排咸。

关于引渗途径:第一,重碱和碱荒地,采用地面淹灌;第二,好地可采取沟渠、坑塘蓄水侧渗,或于作物生长后期大水灌溉冲洗,单位面积灌水量可参考河北藁城回灌地下水的经验(藁城县 20 世纪 70 年代中期,地下水埋深大于 10 m,7~8 月间,每亩耕地累计灌水 300~900 m³,农作物无明显影响,累计灌水超过 1 000 m³ 时,玉米减产 30%);第三,抽咸灌淡地块实施水稻旱种、后期水淹的办法。

三、抽咸浅井的井型结构及地下水位的控制

(一)抽咸浅井的井型结构

据河北水专农场抽咸灌淡资料分析,地下水的淡化速度,上层大于下层,井越浅,单井出水量越大,咸水淡化越快。如 1974 年抽咸灌淡开始时,1~2 m 与 7~10 m 深处地下水矿化度相近,但 1974 年抽咸灌淡以后,地下水矿化度于 7~10 m 处降至 2.2~4.95 g/L,于 1~2 m 处降至 1.92~2.96 g/L,至 1975 年抽咸灌淡后,7~20 m 处降至 2.4~4.23 g/L,而于 1~2 m 处降至 0.48~1.04 g/L。在真空井深 10 m、单井的出水量 30~40 m³/h,以及锅锥井深 20 m、单井出水量 15~20 m³/h 的情况下,在抽咸灌淡中,井水矿化度由稍大于 5 g/L 降至稍大于 4 g/L。矿化度每降 1 g/L 抽咸所需时间,真空井为 150.7~214.2 h,锅锥井为 410.1 h。因此,能否打出深度不大,但出水

量较大的浅井,不仅关系单位面积投资和运行费用,而且关系咸水淡化的速度。20 世纪 70 年代至 90 年代初,为达此目的,有关单位在浅井的井型结构方面做了大量的工作,比较适用的井型有机带真空井、大骨料井、辐射井和虹吸管集水井。1988~1990 年,衡水地区机井研究所和景县水利局一起,根据钻孔剖面地层的岩性分层填砾,填砾时边填边测填砾高度,在厚度大于 2 m 的弱含水层的中底部,滤料粒径 D_{50} 取含水层粒径 d_{50} 的 8~10 倍,其他土层及弱含水层的上部均填直径 3~6 mm 的大砾;通过洗井,使井周围形成一定的空洞而井孔又不致坍塌。衡水地区按照这个办法先后成井 14 眼,单位涌水量均达到 5 $m^3/(h \cdot m)$ 以上。

（二）地下水位的控制

机井排灌引起的地下水位下降,有利于提高除涝、防渍的能力,加速盐碱地的改良,拦蓄雨水增加水资源等;但地下水位的持续下降又带来一系列的问题,比如,抽水成本不断提高,井泵因水位下降而废弃,浅井因上部含水层干涸而报废,地面沉降和海水内侵等。为防止这些弊端的产生和发展,人们必须采取节水和引水补源的措施,以控制地下水位。于是便出现了这样一个问题:地下水位在什么深度最为科学合理且经济效益最好?

在中浅机井排灌区,地下水位是潜水位,在水资源十分短缺的地方,为了最大限度地拦蓄降雨和减少潜水蒸发损失,一是把潜水位停止蒸发的极限值(一般为地面以下 4 m)作为地下水的最小埋深,二是将地下水库的兴利库容按多年调节设计。如果该设计值为 400 mm 水柱,地层的给水度为 0.05~0.08,那么,其最低水位埋深控制在 9~12 m。

在深井灌区,深层地下水为承压水,经济效益最好的水位埋深应通过深层水均衡开采量的计算和深井灌溉的经济效益分析来求得。因为大面积开采深层水时,其越流补给量与深、浅层水位差成正比,即深层水位下降越深,越流补给量越大,其均衡开采量和灌溉面积越大;但是,深层水位下降越深,运行费用越高,单位面积的灌溉净效益越小。显然,当深层水开采量很小时,单位面积的灌溉净效益较大,但深井灌区总的灌溉净效益并不大;相反,当深层水位降得很深时,深层水均衡开采量和深井灌溉面积很大,但单位面积的灌溉净效益不大,甚至接近于 0,故深井灌区总的灌溉净效益也不大。在二者之间,必定有一个水位,可使整个深井灌区总的灌溉净效益最大,这个水位埋深就是应该控制的深层水位埋深。

四、机井排灌区增水补源的途径

国内外的许多机井排灌区,要控制地下水位,必须引用地表水灌水补源。目前,我国华北地区引黄已经实施,引江也即将排上日程。目前,我国机井排灌区引用地表水主要有以下三种办法。

(一)发展自流引水灌区

在山丘区水库下游山前冲、洪积扇及其以下地区发展自流引水灌区,实行井渠结合,通过灌溉入渗和渠系渗漏补充地下水,如河北省深县中南部的石津灌区等。

(二)泄洪回灌

将水库汛前腾库弃水及宣泄的洪水,引入河道、排水干渠、坑塘、沙荒地或自流引水灌区,回灌补充地下水。如在1988 年汛期,滹沱河上游山区降雨量为 600~700 mm,岗南水库以上及岗、黄两库间降雨为 800~900 mm,两库相继泄洪,最大出库流量 773 m³/s,洪水沿滹沱河下泄;由于河道西部地下水位埋深已达 20 余 m,东部为 7~8 m,因此洪水大量渗入地下。据河北省水文总站和衡水水文分站观测、计算,该汛期内水库向滹沱河泄水共 8.922 亿 m³,而通过黄壁庄至献县间河道渗漏补给地下水的水量即达 3.997 亿 m³。

(三)引蓄排灌河网

当有较为可靠的地表水源可引时,可建设高标准的能引、能蓄、能排、能灌的河网,以引蓄河道上游的来水及本地的降雨径流以发展灌溉,并渗漏补充地下水,遇非常暴雨又能提闸及时排水。其工程特点是:河网宽、深且密度大,上下游等宽,纵坡小,坑多,塘深,河坑相通,可建闸蓄水调度水量。如河北故城县,东临卫运河,该河上游卫河没有大型水库,因而汛期汛后一般总有水可引。1970 年以来,该县共新挖、扩挖引、蓄、排、灌河道23 条,长252.8 km,平均间距4 km,新挖改造坑塘815 个,河道一般深 5 m(有的达 6~7 m),底宽 6 m,纵坡1/10 000,河网坑塘一次蓄水能力达 5 500 万 m³。

第五章　对衡水开采深层水的
　　回顾与展望

——谈谈自己对深层水是不是水资源
等一系列问题的认识

　　20 世纪 60 年代末,当衡水地区开始大规模开采深层水的时候,比美国亚利桑那州索耳特河谷地竖井灌溉垂直排水改良盐碱地整整晚了半个世纪。由于索耳特河谷地的成功实践,美国西部各州的山间盆地和谷地中机井发展很快,至 20 世纪 60 年代初,达 13 万眼以上。从 20 世纪 50 年代到 60 年代,巴基斯坦、印度和苏联的饥饿草原等许多国家和地区,在竖井排水既能使土地脱盐,又能利用抽吸的地下水灌溉的情况下,机井得到了广泛的发展。与此同时,由于工业用水过量地开采深层水,美国的长滩、日本的东京、我国的上海等许多大城市地下水位严重下降并引起地面下沉的已屡见不鲜。但是,衡水在冲积平原上有数十米甚至 100~200 m 高矿化水的条件下,在 8 000 多 km^2 的面积上,深井灌溉面积达 230 多万亩,机井密度平均 2.2 眼/km^2,年开采深层水 4.5 亿~5.5 亿 m^3,平均开采模数 5.1 万~6.2 万 m^3/km^2,主要由于农业用水引起水位大面积大幅度下降,恐怕它不仅是我国之最,也是世界之最了。

　　衡水地区位于半湿润半干旱大陆季风气候区,地势低洼,历史上旱涝盐碱肆虐,农业生产多灾低产。起初,人们打深井时,目的只是灌水抗旱,然而,到了20世纪80年代,却出现了两个奇迹:一是在深井灌区(浅层咸水区),沥涝和盐碱竟神话般地消失和减少了;二是粮食单产较20世纪70年代翻了1~2番。面对衡水开采深层水这一大规模的生产实践,从理论上讲,不仅广大农民和各级干部是陌生的,对我国科技界来说,也是陌生的。农业生产条件和生产水平,在如此大面积上的实施,深入地揭示了客观世界的内在规律。因此,深入地总结衡水20多年来开采深层水的经验,科学地解决当前存在的问题,把衡水的深层水开发事业向前推进,为衡水的国民经济上新台阶不断做出新的贡献,这一艰巨而光荣的任务,已经历史性地落到了当代各级领导和水利科技人员的肩上。

　　一个新生事物在人们中产生一些不同的认识是难免的,对开采深层水这一重大而复杂的问题,更是如此。比如,面对深层水位的不断下降,一些同志认为,深层水是"用一点,少一点""不算水资源",建议"作为后备水源",因而在各项工作中不予考虑。

　　有些同志对深层水进行了研究,他们的结论是:深层水位埋深应控制在35 m以上,否则,深井灌溉的净效益接近于零。这个结论和我们的生产实际拉开了一个很大距离。

　　由于采大于补,衡水深层水出现了不断下降的局面。1989年,冀州市、枣强县和原衡水县深层水下降漏斗面积已达5 220 km²,漏斗中心水位埋深达64.29 m。1992年,全年大旱,深层水位下降得更快更深。随着水位的不断下降,浇地成本不断提高,灌溉效益不断下降,终于在水位最深的地方,出现了农民面对旱情拉闸停浇的现象,但是,在衡水地区的另一些地方,仍有人做着"打深井,实现水利化的梦"。1988~1991

年,衡水年均净增深井 657 眼,一个新的深层水开发热在衡水地区广大农村发展着……

究竟应该如何认识和评价深层水,深层水的前途如何,要不要控制开采,怎样控制,应采取什么对策等,这一系列的问题,早已经摆在大家的面前。作为水利战线前沿的一个"老兵",深感责任重大,经过反复思考与分析,写出了自己的认识与建议。

一、深层水为衡水地区工农业发展做出了巨大贡献

衡水地区位于河北省的东南部,面积 8 815 km²,耕地 880 万亩。衡水除西北部属滹沱河冲积扇前沿外,其他均属冲积平原。地质构造属华北断陷带的中南部,第四纪底界 450~670 m。地下水主要赋存于第四纪多层交叠的各种砂层、亚砂土的孔隙及黏性土的裂隙中,浅层水属潜水及半承压水,深层水则均为承压水。衡水按水质分布及埋藏条件分为全淡区、浅咸深淡区、浅淡中咸深淡区。全淡区集中于西北角,面积 722 km²,其他均为有咸区。咸水底界西部一般在 20~40 m,中部 40~100 m,东南部 100~220 m。浅层咸水及淡水底板埋深小于 10 m 的面积占衡水总面积的 60%。深层水成井深度西北部一般小于 150 m(衡水深井均指井深大于 150 m 的机井),最深 200~240 m,中部一般 160~280 m,东南部一般250~350 m。

衡水气候属暖温带半湿润半干旱大陆季风气候区,多年平均降水量 539.6 mm,年内分配不均,年际变化大,年蒸发量1 300 多 mm。为了发展农田灌溉,衡水从 20 世纪 60 年代末开始开采深层水,大体可分为三个阶段:

第一个阶段为 1969~1978 年,深井数、深井灌溉面积和深层水开采量逐年增加,到 1978 年,衡水深井数达到 16 490 眼,深井灌溉面积增至 143 万亩,深层水年开采量达 4.55 亿 m^3(包括全淡区在内,下同)。

第二个阶段为 1978~1987 年,这 10 年间,衡水深井总数在 16 000 眼上下浮动,深层水年开采量 5 亿 m^3 左右,灌溉面积前 5 年逐年减少,至 1982 年减至 102 万亩,后 5 年又逐渐增加,到 1987 年增至 204 万亩。

第三个阶段为 1988~1991 年,深井数以年均 657 眼的速度递增,深井灌溉面积以年均 7.33 万亩的速度递增,深层水年开采量仍在 5 亿 m^3 左右,大体呈减少的趋势。

1991 年,衡水深井达到 19 371 眼,其中农用深井 17 970 眼,深井灌溉面积 233.51 万亩,深层水年开采量 4.58 亿 m^3,灌溉面积和用水量分别占该年水浇地面积和总用水量的 43.8% 和 45.4%,衡水 348 万亩旱涝保收田大部分在深井灌区。

从 20 世纪 70 年代到 80 年代,衡水有许多"无井村"连温饱问题也解决不了,后来千方百计集资打深井,一举摘掉了贫穷落后的帽子。开发深层水为衡水人民解决温饱问题做出了重大贡献。

此外,衡水 98% 的工业用水和大部分城镇居民生活用水、农村人畜饮水也是靠开采深层水。1991 年,衡水工业和居民生活用水开采深层水 7 721 万 m^3。

1969~1991 年,衡水人民共投入深井建设资金 6.744 亿元,其中国补资金 1.12 亿元,23 年内,累计开采深层水 98.74 亿 m^3,共生产粮食 100.1 亿 kg,皮棉 2.91 亿 kg,创工业总产值

244.7 亿元。1991 年,衡水深井固定资产值约为 2.6 亿元(未考虑涨价因素)。

二、深层水位下降带来一系列的问题

随着深层水的开采,很快便出现了地下水位的下降。1970 年,衡水仅有深井 2 789 眼,年开采深层水 1.166 亿 m^3,衡冀枣三角地区便出现 1 300 多 km^2 的下降漏斗,漏斗中心水位埋深 13 m。之后,深井数、深井浇地面积和深层水开采量猛增,漏斗面积越来越大,深层水位越降越深,"漏斗"渐渐变成了"漏盆",更确切地说,是大面积的地下水位下降。1980 年,冀枣衡深层水位下降漏斗面积扩大为 3 588 km^2,漏斗中心水位埋深降至 50.31 m;1990 年,漏斗面积又扩大为 4 032 km^2,漏斗中心水位埋深进一步降至 56.84 m。

深层水位的下降,带来了一系列的问题。

首先,造成机泵不断的更新换代。20 多年来,衡水大部深井机泵已更换了 4 代:离心泵—简易深井泵—6 in 深井泵—潜水电泵。一套机泵的投资由 700~800 元增至 7 000~8 000元,有的已超过万元;另外,原有的机泵由于水位下降而报废,几次报废,直接经济损失达数千万元。

其次,由于水位下降,井泵的配套功率大部分由 3~5 kW增至 20~30 kW,因此能源消费越来越多,再加上能源的价格不断上涨,亩次浇地成本由 0.3~0.5 元增至 10~15 元。

最后,深层水位的严重下降,还会引起地面下沉。"七五"国家科技攻关第 57 项研究报告指出,"黑龙港地区深层水位埋深超过 20 m 左右时,就开始发生地面沉降,水位埋深超过 50 m,沉降速率突增"。据河北地矿局第三水文地质工程地质大队测量,衡水市在 1981~1990 年地面累计沉降量为 179 mm,1981~1988 年平均每年沉降量为 16 mm,1989~1990 年平均每年沉降量为 25.5 mm。地面沉降会引起江河洪水上岸、城市被淹及城市建筑的破坏。目前,衡水市和冀县枣强南部,深层水位均降至 50 m 以下,正面临着沉降加速的威胁。

三、对深层水位的下降也要一分为二地看待

20 多年来,特别是近 10 多年来,衡水深井灌区的农业生产条件发生了巨大的变化,经过深入分析,我认为,某些有利的变化是由深层水位的下降带来的,也就是说,对深层水位的下降也应一分为二地看待。

第一,深层水位的下降造成了浅层水对深层水的越流补给,从而增加了深层水的可利用量。从理论上讲,深层水的补给有两个:一个是侧向补给,一个是越流补给。当小面积集中开采深层水时,侧向补给是主要的;当大面积普遍开采深层水时,侧向补给所占的比例就大大减小了。如今,衡水周边各地(市)都在开采深层水,因此衡水深层水的补给主要是越流补给。所谓越流,即相邻两个含水层之间有足够的水头差时,水头高的含水层通过弱透水层补给水头较低的含水层。

越流补给量是与深浅水位差成正比的。也就是说,深层水位下降越深,与浅层水的水位差越大,浅层水越流补给深层水就越多。

衡水深层水开采的实践也充分证明了这一点。如 1970 年,当时衡水深层水位与浅层水位接近,当年开采深层水 1.166 亿 m³,深层水位便普遍下降;而到 1984 年,衡水深层水位埋深大部分降至 20~45 m(低水位期),当年开采深层水

3.4 亿 m³ 以上,衡水深层水位仅平均下降 0.22 m;1985 年,开采深层水 1.92 亿 m³,衡水深层水平均水位还回升 4.77 m;1990 年,当衡水深层水位埋深大部分降至 30~50 m 时,当年开采深层水 2.48 亿 m³,衡水深层水位平均回升 5.34 m。

第二,浅层咸水对深层水的越流补给,降低了浅层地下水位,为除涝治碱创造了有利条件。20 世纪 60 年代末,衡水打出第一批深井,有许多自流井,可见,过去是深层淡水越流补给浅层咸水,这也是衡水过去浅层地下水径流不畅、地下水位高、潜水蒸发强烈、土地盐碱易涝的原因之一。如今,深层淡水水位比浅层咸水位低了数十米,浅层咸水不但失去了深层淡水的越流补给,反而要越流补给深层水,由此造成了地下咸水位的普遍下降。据河北省地矿局第三水文地质工程地质大队观测报告,阜城县西部浅层地下咸水年低水位期水位埋深,1977 年为 2~3 m,1980 年降至 4~6 m,1990 年全部降至 6 m以下;另据河北衡水水文水资源勘探大队资料,衡水市大麻森乡耿村观测井年最大水位埋深,1976~1980 年平均为 2.31 m,1981~1985 年平均为 4.82 m,1986~1990 年平均为 5.50 m。

浅层咸水位的下降,大大提高了衡水的除涝能力,加速了盐碱地的改良。如 1969 年 7 月 28 日,深县龙治河流域发生了短历时特大暴雨,后营站 6 h 降雨 230 mm,雨后,龙治河河水漫溢,护池村西深衡公路上低洼段水深 0.5 m 以上。可见,过去遇到这样短历时特大暴雨,便会发生不可抗御的沥涝。然而,到了 20 世纪 80 年代以后,情况就不同了。1987 年 8 月26 日,衡水东北部降大暴雨,武邑 6 h 降雨 230 mm,景县杜桥6 h 降雨 180 mm;再如 1992 年 7 月 23~24 日,阜城县 20 个乡在 8 h 内降雨 250 mm 以上,其中 11 个乡降雨超过 300 mm。

这些降雨过后,由于浅层地下水位深,大部分渗入地下,补充了地下水,不但没有发生涝灾,所产径流也不多,基本都拦蓄在本区的河道里。

再说盐碱地的变化情况。衡水 1949 年有盐碱地 95.83 万亩,1958 年以后,由于引水灌溉有灌无排和大洪大涝,1963 年,衡水盐碱地发展到 246.13 万亩。20 世纪 60 年代后期,盐碱地逐渐减少,1991 年,衡水盐碱地仅剩下 47.23 万亩。国内外洪积、冲积平原大型自流灌区普遍发生大面积次生盐碱化,至今还在继续发展,而衡水石津灌区在 20 世纪 70 年代和 80 年代以后,盐碱地却大部分变好了。如深县,1957 年盐碱地为 23.37 万亩,1965 年增至 61 万亩,1991 年减至 10.07 万亩。

在浅井灌区,由于开采浅层地下水,引起浅层地下水位下降,从而提高了除涝治碱的能力,对此,人们容易认识。而在深井灌区,上部为咸水层,并没有开采咸水,咸水位的下降也不像浅井区的水位下降那样直接和显著。于是,人们的认识便出现许多分歧。

有的人虽然承认深层水的补给,主要是越流补给,并且计算出衡水深层水每年的补给量达 3 亿多 m³,却没有明确指出,由此造成了浅层咸水位的下降,因而抹杀了开采深层水在衡水除涝治碱上的巨大贡献,并使深层水的越流补给成了无源之水。须知,1969～1992 年,衡水累计开采深层水 104.16 亿 m³,把这些水铺到衡水的地面上,其平均水深达 1.18 m。

有的人则认为,咸水位的下降是"根治海河大挖排水工程的结果",或者是"连年干旱造成的",还有的人认为是"农作物产量提高后,对土壤水和地下水利用大量增加的结果"。

通过查找资料,衡水下游子牙河献县站 20 世纪 50、60、

70、80 年代年均下泄量分别为 30.28 亿 m^3、23.46 亿 m^3、2.06 亿 m^3、0.425 亿 m^3（包括过境水，下同）；黑龙港流域各河下游南排河 60、70、80 年代的年均下泄量分别为 4.13 亿 m^3、2.63 亿 m^3、0.22 亿 m^3。可见，在 70、80 年代，衡水下泄水量比以前大大减少了。我们还注意到，在一些原来号称盐碱窝的地方，在 80 年代，不少排水排咸沟都被填平或堵塞了。由此证明，衡水 70、80 年代，浅层地下咸水位下降的主要原因不是根治海河和大挖排水工程的结果。

第三，衡水 20 世纪 60、70、80 年代年平均降水量分别为 549.5 mm、536.9 mm、519.1 mm，降水确有减少的趋势。降雨量的减少，减少了对地下水的补给，由于潜水蒸发，浅层地下水会有所下降，对除涝治碱有一定的影响。但有关资料证明，当地下水位下降至 3~4 m 以后，潜水蒸发将基本停止，也就是说，由于干旱的原因所引起的地下水位下降是有限的。另外，降雨量的减少，也减少了降雨对土壤盐分的淋洗。在半干旱半湿润气候条件下，盐碱地是排水不畅、地下水位高的地区普遍存在的问题，降雨量的减少也不是衡水盐碱地 20 世纪 70、80 年代大幅度减少的最主要的原因。衡水多年平均降水量 490 多 mm 的衡水、枣强、冀县和多年平均降水量 550 多 mm 的景县、故城，过去都一样广泛分布着盐碱地的事实，便充分说明了这一点。

作物产量提高后，其对土壤水分和地下水的利用量确实会大幅度增加，可能是深井灌区和地表水灌区浅层地下水下降的原因之一，但不能对大面积重碱和碱荒地的普遍减轻变好进行解释。

除此之外，从浅层咸水位下降的资料中还发现，在大面积浅层咸水区,1980 年以来,当浅层咸水位降至 2.99~3.87 m 和 4 m 左右时,潜水蒸发已基本停止,作物根系对地下水也难以吸收利用,但其水位埋深的年降幅仍达 1.62 m 和 1.44 m。对此,有人认为是浅层咸水向浅淡开采区侧向补给的结果,他们只看到了侧向补给数千分之一的坡降,却忘记了向下越流补给深层水的坡降一般均不足 1/10。

还有,20 世纪 70 年代中期以前,常见到这种现象:排水沟不通,沟里的积水会使两侧数十米甚至数百米土地湿漉漉,严重泛碱;现在也常有一些水沟不通,即使沟里积水不少,也见不到这种现象了。由此可以说明,过去衡水浅层咸水的排泄,主要是潜水蒸发,现在则主要是下排,即越流补给深层水了。

综上所述,我认为,衡水深井灌区(浅层咸水区)20 世纪 70、80 年代除涝能力的增强和大批盐碱地的改良,最主要的原因是浅层咸水位的下降,而浅层咸水位下降的最主要原因是大量开采深层水,深层水位下降后,浅层咸水对深层水的越流补给。对深层水位下降的这一贡献,至今还没有被人们正式承认。我认为,应该毫不含糊地承认它。

四、深层水不是"用一点,少一点"

在深层水出现下降漏斗并不断发展的情况下,有的同志讲,深层水是地层形成时保留下来的,"用一点,少一点",因此"建议把深层水作为后备水源"。受其影响,河北省的水利区划、水利规划、水资源开发利用现状调查及水长期供求计划等,对深层水的利用均不予考虑。

首先,深层水不是"用一点,少一点",衡水 20 多年深层水开采的历史告诉我们,深层地下水位并非年年下降,由于降雨量偏大,深层水开采量相对偏少,深层水不但不降,反而有所回升。

据国内外专家研究,在深层水位持续下降的情况下,深层水的开采量等于侧向补给量、越流补给量、上覆弱透水层黏性土的释水量与含水层弹性释水量之和。四个量中,两个释水量为静储量的消耗,但二者也有不同:含水层弹性释水量是指介质对水的储存能力是可以恢复的,意思是当开采深层水时,含水层压力降低,它可以释放出一定数量的水,而当通过越流补给和侧向补给,深层水位又恢复到原来水位时,含水层又可储存同样数量的水,因而称为弹性释水;而上覆弱透水层黏性土的释水量则不同,当开采深层水时,含水层水头降低,黏性土层中的水向含水层释放,降低了对上覆地层的支撑力,导致黏性土压缩,产生塑性变形,当深层水位由于补给恢复到原水位时,黏土层的孔隙度与储容水量均不能恢复到初始状态,因此这部分水基本上属于不可补偿的储存资源。

衡水深井灌区由于气候和农作物需水的特点,深层水在一年内有明显的开采期和恢复期。在开采期内,开采量大于补给量,因而深层水位明显地连续下降;而到恢复期,只补不采,水位逐步回升。根据上述理论,在开采深层水时,当深层水位由某一深度第一次下降到另一深度然后又恢复到原来水位时,其补给量小于开采量,因为上覆弱透水层中黏性土在水位降低时产生的塑性变形,使储容水量不能恢复到初始状态,这也是再开采时恢复水位下降快的原因。根据这个道理,水位上升的各年并不能说明每一年都是补给量大于开采量。但是,当一年内低水位和高水位均高于上年时,尽管有黏性土释水滞后的问题,一般来说,我们可以肯定地说,"它的补给量大于开采量"。

通过上述讨论,我们可以坚信:第一,深层水不是"用一点,少一点";第二,当我们控制一定的开采量时,深层水是可以做到采补平衡的,其水位下降到一定深度后将停止下降,然后在一定的幅度内达到年内或多年动态均衡。

其次,我认为"把深层水作为后备水源"的建议是十分脱离实际的。什么叫后备水源呢?我的理解是,后备水源即现在不用,备将来用。衡水现有深井 19 812 眼,价值 3.0 亿元以上,如果现在不用,就是把这些井全部封起来,也会自行老化、锈蚀、淤塞,逐步报废的。另外,衡水工业和城镇居民生活用水怎么办?衡水 200 多万亩深井灌溉面积都改为旱田吗?显然,这样的建议,是不会有人同意的。至于备用,又是备到什么时候用呢?是 2000 年以后,还是 2030 年以后?

总之,我认为把深层水说成是"用一点,少一点"只能作为后备水源的建议,既缺乏充分的理论根据,也经不起实践的检验,这一说法广为流传,不利于我们的工作,应该摈弃它。深层水在衡水和整个河北黑龙港地区的工农业发展中起着十分重大的作用,深层水的开发利用、管理保护等方面有许多工作要做,有关水利工作,应该正视现实,认真对待,及早改变"不予考虑"的做法。

五、南水北调不能取代深层水

面对深层地下水位不断下降的现实,还有一些同志把衡水用水的希望大部分寄托于南水北调,期待南水调来后取代深层水。

但当我们对有关情况深入分析之后发现,这是不可能的,也是不必要的。

第一,衡水水资源不足是经济发展的制约因素,同时又有条件跨流域引水,因此我们十分欢迎引调南水。无论是引江,还是引黄,无论是东线引江,还是中线引江,我们都欢迎,都需要。但由于我国华北地区缺水面大量多,而引水量有限,我们不可能也不应该完全靠引调南水来解决本地区用水问题,按近儿年规划设计中的几个方案,衡水每年约可分到的水量总计为 5 亿~6 亿 m^3,还需要扣除输水中的渗漏蒸发损失,显然远不能满足衡水经济发展的用水需求。另外,衡水每年可采量达数亿立方米的深层水,是一笔巨大的财富,不可能弃之不用。尽管由于水位下降,运行费用大增,但在某些地带和某些方面仍将是一个最优的方案,具有较好的经济效益。

第二,深层水还有一些独特的优点,是地表水无法取代的。首先,深层水随处打井可取,不必远距离输水,用停方便,便于管理;其次,衡水深层水除东南部及东北部含氟较高、水质较差外,水质大部分属较好及中等,且不易污染,是较好的人畜饮水水源;深层水温随深度增加而增高,一般深度每增加100 m,温度增加 3 ℃,衡水深度 170~350 m 的深井,其平均水温为 20.2~24 ℃,年温差小于 0.5 ℃,与地面气温比,可谓冬暖夏凉,是某些工业和养殖用水的良好水源。

长江沿岸的城镇、乡村,其地表水可谓相当丰富了,然而其居民生活用水及部分工业和养殖业用水,仍取用深层水。如上海市,1961 年便有深井 1 200 眼以上,便是最有说服力的证明。

第三,衡水每年开采一定的深层水,让深层水位在一定深度达到多年平衡,保持一定的深浅水位差,使浅层咸水不断越流补给深层水,从而降低浅层地下咸水位,为地表水灌区除涝治碱和防止土壤次生盐碱化创造有利条件。这种井渠结合(也包括一般的地面排水系统)比单纯的地表水灌区排灌渠系配套节省工程量、节省资金、节省占地、节省工程维修费,效果也好。

六、咸淡混浇与管道输水相结合,可进一步扩大改善深井灌区

衡水深层水大部分用于农田灌溉,开源节流,还有一定的潜力可挖。1988 年,枣强县吉利乡后王寿村的农民,针对深井水位不断下降,单井出水量越来越少,浇地成本越来越高这一问题,在每眼深井旁新打一眼浅井,使浅井微咸水与深井淡水混合后浇地,显著地增加了水量,扩大了浇地面积,降低了浇地成本,收到了显著的经济效益。与此同时,枣强县唐林与娄子等乡,多年利用浅层地下微咸水浇地,造成作物减产、土地盐碱的一些农村,也纷纷打深井实行咸淡混浇或咸淡轮浇。为了总结、提高这一经验,1992 年,衡水地区水利局与枣强县水利局一起,在水利部和河北省水利厅的大力支持下,在枣强县建立"咸淡混浇与管道输水相结合开发研究试验示范区",每个井组的浅井为 1~2 眼,并与低压管道输水相结合,进一步开源节流,使效益进一步提高。

咸淡混浇与管道输水相结合具有很大的优越性。

(一)开源与节流相结合,可扩大与改善水浇地

衡水深井单井出水量大部分为 50~80 m^3/h,浅井单井出水量一般为 20~30 m^3/h,咸淡混浇使 1 眼深井配 1~3 眼浅

井,水量增加了 40%~100%,再与管道输水相结合,使灌溉水的有效利用系数由 0.7 左右提高到 0.95 左右,因而可以显著地扩大与改善水浇地。如枣强县唐林乡李进伯村,原有 3 眼深井,灌溉面积为 600 亩,1993 年冬进行咸淡混浇与管道输水相结合试验示范区建设,共配浅井 5 眼,建低压输水管道 7 600 m,水浇地扩大为 1 241 亩。

(二)混合水质矿化度控制在 2 g/L 左右,既不受咸水浇地的束缚,也没有把地浇碱的威胁

利用 3~5 g/L 的微咸水浇地,只能浇耐盐作物,且只能浇大苗,不能浇小苗,年灌水次数不得超过 3 次。灌后土壤积盐,要靠汛期的降雨或灌淡水淋洗;否则,就有作物减产、土地盐碱之患。

衡水深层水的矿化度一般为 0.6~0.8 g/L,深井区浅层水的矿化度大部分为 3.0~5.0 g/L,咸淡混浇时,1 眼深井配几眼浅井,主要根据混合水矿化度控制在 2 g/L 左右的要求而定。

(三)投资很省

当前,衡水深井井用潜水电泵功率一般为 13~28 kW,变压器为 30~50 kVA。一眼深井,打井、配泵、上电,总投资需 8 万~10 万元,控制面积 150 亩左右,平均每亩水浇地需投资 533~667 元;推广咸淡混浇与管道输水相结合,1~3 眼浅井,打井、配泵需投资 0.4 万~1.2 万元,浅井井泵的功率合计为 3~9 kW,一般利用原深井变压器的潜力即可,不必再新上电。再加上低压输水管道(按亩均 5 m 计算),控制面积可达 400 亩,亩均投资仅 100 元左右,按新增水浇地计算,亩均投资仅 160 元。

(四)可大幅度地节省运行费,降低浇地成本

目前,衡水深井提水井泵总扬程大部分为 40~80 m,而浅井提水,井泵总扬程仅 20 m 左右。由于浅井井泵总扬程仅为深井井泵总扬程的 1/2~1/4,因此咸淡混浇后,吨水耗能将大幅度减少,再加上管道输水的节水效果,亩次浇地成本可大幅度降低。如枣强后王寿二队,1992 年冬建成咸淡混浇与管道输水相结合工程后,1993 年春浇小麦时,亩次浇地费用由 14.5 元减为 7.3 元。

(五)咸淡混浇可以稀释高氟水和中和碱性淡水

衡水东三县深层水大部分为含氟量较高的碱性淡水,含氟量往往达 3 mg/L 以上,而浅层微咸水的含氟量一般为 0.4~1.0 mg/L,咸淡混浇,则混合水的含氟量必将显著降低,从而可以降低高氟的危害。碱性淡水即矿化度低、碱性高,浅层咸水则矿化度高、碱性低,二水混合后,一是可以互相冲淡,二是起化学作用,碱性淡水中碳酸根离子和重碳酸根离子与咸水中的钙镁离子相结合,产生一部分中性沉淀物,进一步降低混合水的矿化度,并克服碱性的危害。

(六)可减少深层水开采量,是控制开采深层水的有力措施

在深机井密度较大的地方,推广咸淡混浇与管道输水相结合,虽不能显著扩大与改善水浇地,但却可显著节省浇地费用,减少深层水开采量,是控制开采深层水的有力措施。

(七)咸淡混浇可促使浅层地下水进一步下降

咸淡混浇利用浅层地下微咸水,可促使浅层地下水位进一步下降,有利于除涝治碱;在降雨和灌溉水的长期淋洗下,浅层地下微咸水将逐步淡化。

七、好水好用、次水次用在城镇可大量节约深层水

衡水城镇工业和居民生活用水是深层水的第二大用户,

在这里,浪费现象也十分严重,其主要表现为"好水次用"。衡水的水有地表水和地下水,地下水中有浅层淡水、浅层微咸水、浅层咸水和深层淡水。不同的水,其水质、水温不同,开采(或引蓄工程)投资和运行费用也不同。从用水部门讲,有城镇工业和居民生活用水、农业用水和农村人畜饮水等。不同的用水部门,其对水质、水量及时空要求也是不同的,即使在同一用水部门,其对水质、水量的要求也是不同的。如城镇居民生活用水中,有饮用水、洗涤等环境卫生用水。显然,人们饮用及制作食物需要高质量的水,但每人每天仅需 5 L 左右;而洗涤等环境卫生用水可用次水,每人每天用量可高达 100 L。

当前的主要问题是,在工业和居民生活用水中,不分需求什么质量的水,一律打深井,取用深层水。取水多,有效利用少,是一种浪费;水质好,好水次用,也是一种浪费。1989～1990 年,棉纺厂和酒厂打了几眼中浅井,利用微咸水作冷却和消防用;再早几年,蜂窝煤厂打了一眼浅井,利用微咸水作生产用水。他们既节省了建设费用,又降低了运行成本,也节省了深层水。在国外,按人均地表径流计算,法国是河北省的 10 倍,日本是河北省的 15 倍以上,但为了节水,巴黎和东京都将好水和次水分别采用两套不同的供水管道。如果我们认真总结棉纺厂、酒厂和蜂窝煤厂的经验,加以推广,也像巴黎、东京那样把好水和次水分别采用两条不同的供水管道,并实行好水高价、次水低价,必然可以大幅度地节约深层水。

八、建设高产优质高效农业,深层水将做出更大贡献

1992 年 9 月,国务院做出了《关于发展高产优质高效农业的决定》,这是我国农业从过去以追求产品数量增长,满足

人民温饱为主,向高产、优质并重,以吃好、高效为目的的一个历史性转折,也是中国农村脱贫致富奔小康的必由之路。建设高产、优质、高效农业,必将对衡水的农业结构进行大力调整,即逐步压缩粮棉油种植面积,特别是粮田面积,实行集约经营,提高质量,并通过提高单产继续提高总产,扩大果树、棚菜等经济作物种植面积;加速发展畜牧、水产、食品加工等。

高产、优质、高效农业对衡水的水利建设,既是一个挑战,又是一个机遇。一方面,它对水利提出了更多、更高的要求,包括用水项目的增多,面积的扩大,严格的供水数量、质量和时间以及保证率的提高等;另一方面,它又可以拿出更多的资金建设高标准的农田水利工程,从而大大提高衡水水的利用率和生产率。更明确地说,高产、优质、高效农业一点也离不开水的保证;另外,也只有在高产、优质、高效农业的建设中,每一立方米水才能得到最充分的利用,创造出更高的产值和效益。

深层水以它独特的优点,在高产、优质、高效农业的建设中,必然倍受青睐。高产、优质、高效农业使每亩土地的年产值和年效益从几十元、几百元提高到几千元、几万元,同时,也使每立方米水的产值和效益提高几倍、几十倍,甚至更多。如1亩小麦灌水 200 m^3,产小麦 350 kg,每千克小麦 1.26 元,每亩产值 441 元,每立方米水创产值 2.2 元;而日光温室种植蔬菜亩温室可年产菜 5 000 kg,纯收入 5 000 元左右,年用水 200~250 m^3,每立方米水创纯收入 20~25 元。也就是说,今后,在我国农业发展的新的历史时期——高产、优质、高效农业的建设中,衡水的深层水不仅不能藏身匿迹,而且必将放射出更为艳丽的光彩。

九、深层水是否为水资源

(一) 水资源的定义

水是农业的命脉、工业的血液,是人民生活不可或缺的宝贵物资。它的重要性还体现在它的不可替代性。通常我们讲的水资源,包括两个方面的含义:一是指它的质量,必须满足用水项目对水质的要求;二是指它的数量,是指它必须有补给,在取用之后可以恢复,因而可以长期利用。由于用水项目的千差万别,它们对水质的要求又往往各不相同,因此关于水资源的命题中,在水质方面,迄今为止,还只是一个笼统的概念,没有严格的界定。

(二) 深层水是否为水资源

深层水是否为水资源,也是从水质、水量两个方面来衡量的。衡水的深层水,除东部有部分高氟水和强碱性水外,大部分属于较好及中等的水,适于饮用及农田灌溉。在水量补给方面,浅层地下水的补给主要有降雨入渗、灌溉入渗、河渠库塘引蓄地表水的渗漏;深层地下水的补给有越流补给和侧向补给。在浅层淡水区和全淡区,人们主要开采浅层淡水和中浅层水。在计算水资源量时,如果浅层或中浅层地下水已将降雨入渗、灌溉入渗和河渠库塘引蓄地表水的渗漏全部计算进去,那么深层水的水资源量就不应再行计算,否则将造成重复计算。在这种情况下,深层水只是储存资源,它相当于地下水库的"死库容",而不是我们通常讲的地下水资源。对此,大家的认识是一致的。

在浅层咸水区,降雨入渗、灌溉入渗和河渠库塘引蓄地表水的渗漏均补给了地下咸水或微咸水,过去地下咸水或微咸水没有大量地开采利用,因而多数同志认为地下咸水或微咸水不是水资源,至于深层水,许多同志认为深层水补给困难,"用一点,少一点",因而也不算水资源。由此,衡水 60% 的面积上(包括浅层咸水区和淡水底板埋深小于 10 m 的面积),地下水资源出现了一片空白。在这里,大家的认识也出现了严重的分歧。

衡水从 1969 年到 20 世纪 90 年代初深层水开采的历史告诉我们,深层水并非年年下降,当年降水量偏大、深层水开采量偏小时,深层水位不但不降,反而有所回升。如 1973 年、1976 年、1977 年、1985 年、1990 年等年份,其中 1977 年、1985 年、1990 年三年,衡水深层水分别开采了 2.47 亿 m^3、1.92 亿 m^3、2.48 亿 m^3(河北地矿局第三水文地质工程地质大队统计计算数据,衡水水利系统年终统计数分别为 4.05 亿 m^3、4.63 亿 m^3、4.13 亿 m^3),衡水深层水还平均回升了 2.91 m、4.77 m、5.34 m。这些事实充分说明了衡水深层水是有补给的。据河北地矿局第三水文地质工程地质大队计算,衡水 1986~1990 年,深层水的均衡开采量为 3.01 亿~3.74 亿 m^3(未包括全淡区)。

综上,在浅层咸水区,降雨入渗、灌溉入渗和河渠库塘引蓄地表水的渗漏补给了浅层地下咸水或微咸水,浅层地下咸水或微咸水又通过越流补给和侧向补给补给了深层水。于是,深层水有了可靠的补给,取用之后可以恢复,因而可以长期利用。

在水质方面,浅层咸水对深层水的越流补给是否会使深层水变咸呢? 根据各市(县)大量的物探测井资料,衡水浅中层地下咸水向深层淡水的过渡,不是突变,而是渐变的。另外,受重力影响的渗漏水,只是土体中的重力水,它在饱和土体中一般仅占总水量的 1/5～1/10,因而,两个水质相近的土体,通过水的渗流而改变整个土体内的水质,其速度是相当缓慢的。据河北地矿局第三水文地质工程地质大队与中国地质大学共同研究,衡水地下水咸淡界面下移的速度平均每年 0.1 m,而衡水深井密封深度均超过咸淡界面以下 20 多 m。因此,可以说,在水质方面,至少在 100～200 年内,深层水质是不会引起严重恶化的。鉴于以上情况,我们可以肯定地说,在此类情况下,深层水应是我们通常讲的水资源。

十、关于控制开采深层水的认识和建议

(一)不分情况,封闭所有的深井,禁止开采深层水的主张有待讨论

有人主张,将所有的深井全部封闭,禁止开采深层水。对于这个问题,我认为应区别对待。在已经实现了中线引江的城镇,因为有了可靠的长江水,除有特殊需要的情况外,将所有的深井予以封停,是必要的,也是必须的。但在广大的农村,对于农田灌溉的深井,则不可。因为在这里封了深井,农田灌溉便无水可用,或者刚引来一些地表水,水量不足,供水时间较短,尚不可靠。在这种情况下,要把 17 000 多眼农用深井全部封闭报废,让 200 多万亩深井灌区无可靠的水可用,是十分不妥的。不仅广大农民不答应,各级政府也不会答应。因为深层水是衡水宝贵的水资源,只要措施得当,深层水是可以做到采补平衡的。衡水市的广大农村还要继续发展,广大农民的生活水平还要继续提高和改善,建设节水高效农业是必由之路。而建设节水高效农业,不仅离不开深层水,而且可

以让它发挥更大的作用。另外,在农田灌溉方面,井灌和渠灌绝不是矛盾的、对立的,而是相辅相成的。我们既不要像20世纪60年代初因渠灌抬高了地下水位引起沥涝和盐碱地大发展而打井废渠,也不要因当今地下水位的严重下降而兴渠废井。

(二)当今,衡水市深井灌区,农田灌溉已基本上不存在水资源的严重浪费问题

过去,在衡水市深井灌区的农田灌溉中,确实存在一定的水资源浪费问题,主要是土垄沟输水中的跑水及渗漏损失问题。如今,低压管道输水已普遍推广,这个问题基本解决了。对于灌水定额问题,好多人看到农民用 50~60 m,甚至 100~200 m 的长畦灌水,就认为这是大水漫灌,容易产生地面径流和深层渗漏,必定有水资源的严重浪费。我认为,首先,由于耕地被农民整得很平,地面纵坡又很小,单井出水量又不大,灌水时农民看着水沿地面慢慢流动,一点也没有跑水,灌溉水全部被拦堵在畦中。因此,不存在地面径流问题。

其次,关于灌溉水的深层渗漏问题。据国外的《喷灌法》和美国莫南那编著的《喷灌工程》,国外在喷灌灌水定额的设计中,其计算土层深度均采用作物深入土中吸收水分的深度,因此国外在地势平坦、土层深厚、地下水位较深的耕地上,其设计的喷灌灌水定额都很大。如果我们也采用这个计算深度,利用土壤有效持水量资料来设计畦灌的灌水定额,那么,沙壤土地上的灌水定额为 70.4 m³/亩,中壤土、黏壤土、黏土地上的灌水定额为 107.3~117.3 m³/亩。其湿润土层的深度仅 150 cm 左右,完全在小麦等大田作物从土中吸收水分的深度之内。因此,这里不存在深层渗漏问题。另外,衡水市农民采用的灌水定额大了,但灌水次数减少了,在冬小麦的全生育期内,在沙壤土地上一般共灌水 3 次,在中壤土、黏壤土和黏土地上一般共灌水 2 次。这个灌溉定额,再加上衡水市冬小麦全生育期多年平均降水量 120~130 mm,又与华北地区冬小麦全生育期耗水量的田间试验资料 461.7 mm 基本相符。由此,我们可以得出如下结论:当今在衡水市深井灌区,在农田灌溉中,已基本不存在水资源的严重浪费问题。

(三) 当今,在衡水市深井灌区,浅层地下微咸水已没有多少潜力可挖

从 20 世纪 90 年代初开始,衡水市大力推广咸淡混浇与低压管道输水相结合,20 多年来,已有了较大的发展。目前,冀州市、枣强县、桃城区(原衡水县)浅层地下水已降至 7~10 m,武邑、景县、阜城等地的浅层地下水已降至 10~20 m。除局部地区还需继续推广咸淡混浇与低压管道输水相结合外,全市浅层地下微咸水总的情况已没有多少潜力可挖。

(四) 大力推广喷灌,并不能大量节省深层水

2014 年,衡水市实施地下水超采综合治理项目,在该项目中,喷灌被列为高效节水的首要措施,国家投入喷(滴)灌资金 4.9 亿元,大力发展固定式喷灌,平均每亩投资 1 000~1 500元。但据了解,除安平县在滹沱河河道内种植白山药的沙土地上的喷灌农民在使用外,其他地方的喷灌,广大农民基本上都不用。国家投入那么多资金,建成后白送给农民,农民就是不用,原因是多方面的,在这里且不研究这个问题。我们只讨论喷灌是不是高效节水的措施,大力发展喷灌能不能大量节省深层水的问题。

多年来,我国一些同志一直认为喷灌比地面灌溉可以大幅度节水,其主要的根据就是地面灌溉容易产生地面径流和深层渗漏。通过前面的分析与计算,我们已经确认了,衡水市的深井灌区在地面灌溉中,既无地面径流,也无深层渗漏,那么,喷灌比地面灌溉当然就不省水了。并且我还认为,喷灌与地面灌溉比较,不仅不省水,还要浪费水。国内外的喷灌理论认为,由于喷灌的蒸发损失、微小水滴的飘移损失和喷洒的不均匀,在设计计算喷灌的灌水定额时,都增加了一个喷灌水的利用系数 η,这个系数国外多采用 0.7,国内多采用 0.8。也就是说,国内外的喷灌理论都承认,喷灌中有 20% ~ 30% 的水,因蒸发、飘移和喷洒不匀而损失掉了。

(五)建议在城镇建设两套供水管道系统,将好水与次水分开,并实行好水高价、次水低价

南水北调实施之后,城镇有了可靠的供水水源,除特殊情况之外,将所有的深井予以封停,这不仅减少了不少深层水的开采量,而且可以防止城镇的地面沉降。另外,建议政府在城镇建设两套供水管道系统,将好水和次水分开,并实行好水高价、次水低价。同时,还要努力做好污水处理工作。千方百计把城镇的雨水利用起来,并开发部分浅层地下微咸水,把污水处理后的中水、雨水和浅层地下微咸水作为次水,用于城镇环卫用水和草皮、树木的灌溉用水等。这一点,人均水资源比我们多得多的法国巴黎和日本东京可以做到,那么,我们也应该能够做到。

(六)继续加大引黄引江的水量,进一步增加地表水的供给,地表水与地下水联合运用,是控制开采深层水最有力的措施

1985 年,衡水市开始引卫运河的水,1992 年,又开始了引黄,于是衡水湖有了可靠的水源,每年都能蓄上水。引卫引黄途经的枣强县内的索鲁河和衡水湖相邻的滏东排河等,便常常有了水。近期连得两个好消息:一是枣强县的西杨兴、宫杨兴等沿索鲁河两岸的一些村,二是冀县小寨乡前照磨等滏东排河沿岸的一些村的农民们,在河边安上了机泵,埋上了地下管道,并把它与原有井灌的低压输水管道连起来,抽取河水浇地。据前照磨村民说,抽取河水浇地,每浇 1 亩地仅需缴电费 10 元,而用深井浇地,每浇 1 亩地,需缴电费 60 元。因此,只要河里有水,农民们便排队用河水浇地,谁也不用深井浇地;只有河里没水了,庄稼又非浇不行时,人们才用深井浇地。这样,深层水的开采量大大减少了,另外,有了衡水湖和引蓄河渠的渗漏,这一带的地下水补给也大大增加了。看来,正是由于这些原因,冀枣衡深层水位的下降速度大大减缓了。据河北地矿局第三水文地质工程地质大队观测,在 1990 年以前,冀州市、枣强县、桃城区(原衡水县)一直是衡水市深层水位埋深最大的地方,然而到了 2018 年 7 月,这里的深层水位埋深为 70~90 m,而过去长期没有地表水可用和补给的武邑、景县、阜城等县,深层水位埋深已降至 110~120 m,远远超过了原来的冀枣衡(冀州市、枣强县、衡水县的简称)深层水位下降漏斗区。这一铁的事实和巨大的变化向我们充分证明,继续加大引黄引江的水量,千方百计进一步增加地表水的供给,实施地表水、地下水联合运用,是控制开采深层水最有力的措施。

目前,衡水市区的自来水已完全用上了中线引江的水,原有的深井已全部关停;清凉江及索鲁河下游的武邑、景县、阜城等县也开始用上了引黄的水;石津渠在上游的石家庄市用上了中线引江的水后,便有了更多的水供应衡水市的深县、安平、饶阳等县。总体来讲,目前的形势一片大好。另外,河南省和山东省已分别用上了中线引江和东线引江的水,那么,是否能省出一些黄河的水让衡水市多引一些? 除此之外,东线引江的水尚未进入河北,西线引江尚未实施,将来西线引江实施以后,黄河的水多了,衡水市是否又可能再多引一些黄河的水? 建议国家在这方面继续加大投入,加快进度。当衡水的广大农民一看到各条河里真的来了水,其开挖河渠、坑塘的积极性必定高涨起来,再加上国家的大力支持,那么,井渠结合,地表水、地下水联合运用,即通过利用地下水灌溉,同时降低地下水位,从而防涝、防渍、防止土壤次生盐碱化;又通过利用地表水灌溉,减少了地下水的开采量,并通过河渠库塘的渗漏补充了地下水,从而防止地下水位的连续下降。因此,不仅根治了旱、涝、碱,而且真正做到了控制开采深层水,使地下水真正做到采补平衡。我想,这一天,一定在不远的将来就会实现。

第六章　浅薄层淡水的开发技术

河北平原的中部和东部,地下水中普遍有咸水层分布,而在咸水层上部,又往往有不同厚度的浅层淡水。其中,淡水底界埋深 10~30 m 的面积约为 11 400 km²,浅层淡水中的沙层均为细沙或粉沙。在这里打井技术要求高,难度大,经常出现废井。如景县杜桥试区,20 世纪 70 年代先后打过 64 眼锅锥井,其中 21 眼涌沙淤井,5 眼水质太咸,22 眼水少,4 眼因管理不善报废,到 1986 年春,能用的只剩下 12 眼。衡水地区 1969~1987 年共打中浅井 10.9 万眼,到 1987 年仅保有 2.6 万眼。

但实践证明,在半干旱半湿润地区,开发利用浅层地下水发展灌溉,不仅可以抗御干旱,而且可降低地下水位,又可解决除涝、防渍、治碱问题。投资省、用工少、见效快,是一条又好又省的综合治理旱涝碱的路子。据资料统计,目前河北省尚有 12 亿~13 亿 m³ 浅薄层淡水未得到利用。开发这部分水资源,对河北省中东部地区的中低产田改造和农业再上一个新台阶,有十分重要的意义。

为了开发浅薄层淡水,1986 年,河北省在水利部下达的"七五"国家重点科技攻关项目——河北景县杜桥机井灌区配套改造技术的试验研究中,把浅薄层淡水开发技术列为重要研究内容之一,由衡水地区机井研究所和景县水利局承担。经过 4 年的艰苦奋斗,取得了可喜成果。

概括起来,主要有以下四点。

一、简易勘探钻的研制与使用

在浅薄层淡水区,由于土质和水质无论水平方向还是垂直方向上都变化很大,地面物探法测水误差甚大,用汽车钻进行钻探,费用太高,无法推广。于是,研制省钱省工、准确可靠、简易可行的勘探设备及有关技术,便成了开发浅薄层淡水必须首先解决的问题。

简易人工反循环勘探钻(简称简易勘探钻)的研制成功,基本上解决了这个问题。它是利用人工反循环钻钻孔,凭手感经验区分土层,由活塞式手压真空泵(压机子)从钻孔中吸出的泥浆里捞取沙样进行颗分,并利用电测井法验证钻孔内逐段地层的性质、沙层的位置和厚度及逐段的水质。设备共包括两部分,即人工反循环钻和直流电位差物探仪。人工反循环钻由钻头、钻杆、手轮式转盘和压机子组成。直流电位差物探仪为 JC-A 型电测仪。其原理和使用方法与电测井完全相同,只是电缆上的电极距是根据测孔的特点自行设计制造的。全套设备不足 1 000 元,总重 50～60 kg,钻探一个 30 m左右的钻孔,一般仅需 3 个工日。它设备简单,安装简易,搬迁方便,投资省、用工少、费用低,技术可靠,易于掌握,便于推广。

二、突破咸淡界面的局限,因地制宜地增加井深

从 20 世纪 70 年代起,河北省在咸水灌溉方面取得了一批研究性成果,其要点是:用 2～3 g/L 的微咸水灌溉,约束条件较少;3～5 g/L 的微咸水可用于排水条件好,土壤肥力高的

条件下,灌溉耐盐能力较强的农作物,并注意浇大苗、不浇小苗,以及控制灌水次数等。

在下部埋藏咸水的浅层和薄层淡水区,过去,设计井深不敢突破咸淡界面,囿于淡水层薄、沙层少的束缚,往往打成的井出水量小、浇地效率低、成本高,许多地方无法打成有应用价值的机井。为了增加单井出水量,在景县杜桥试区,咸淡界面为 20 m 左右,含水层大部分为沙土和粉土的地方,探索打破咸淡界面,适当增加井深的试验,开始时,井深由 20 m 左右增至 24 m 左右,单井出水量由 10 ~ 15 m³/h 增至 16 ~ 24 m³/h,井水矿化度除个别达 3~4 g/L 外,大部分仍低于 2 g/L。含水层条件稍好的 G23、G24 两井,单井出水量 30 m³/h 以上,井水矿化度 3.0 g/L。由于单井出水量大、浇地效率高、成本低,浇地每亩次仅耗柴油 1.5 kg,井水虽为微咸水,但灌后土壤没有累盐现象,很受农民欢迎。利用简易勘探钻确定咸淡界面,摸清界面以上淡水和界面以下咸水的矿化度,在界面下为微咸水的地方,可增加井深,突破咸淡界面,而使井水(混合水)的矿化度保持在允许范围内。如试区 G19、G36 两眼试验井,其咸淡界面分别为 18 m 和 13 m,界面以上地下水矿化度在 1.2 g/L 左右,界面以下为 3 g/L,井深打至 33 m 和 31 m,其水量增加了 1 倍,井水矿化度分别为 2.0 g/L、2.4 g/L。

三、分层填砾填大砾,适量放沙入井

滤料的作用是滤水阻沙。滤料与含水层沙粒的粒径比(亦称填含比),过去规定 $D_{50} = (8 \sim 10) d_{50}$。目的是在洗井时,使含水层中小于 d_{50} 的大部分细小颗粒能通过滤料的孔隙,进入井中排出地面,而大于 d_{50} 的骨架颗粒稳定聚积在滤料外围,形成天然反滤层。在浅薄层淡水区,按上述要求填砾,很容易做到水清沙净,但出水量太小。为了增加单井出水量,浅薄层淡水开发技术研究课题组在填砾方面进行了一系列的试验。调查分析了试区内20世纪70年代打的锅锥井,在保存下来的12眼井中,有10眼的含水层为弱含水层,但其单位涌水量大部分为4~6 m³/(h·m)。分析这些井水量较大的原因,除井径大外,主要的原因是所填滤料粒径较大(为3~6 mm的砾石),在强烈抽水的情况下,一部分含水沙层被抽空,增大了井的汇水面积,改善了进水条件。另外,井孔剖面大部分为黏土和亚黏土,因而到一定程度便停止进沙,保证了井壁不致坍塌。

根据这些井的启发,开展加大滤料的对比试验,使单位涌水量从1.4 m³/(h·m)增至2.8 m³/(h·m),取得了初步的成功(见表6-1)。接着把增加井深、填大砾和适当扩大井径结合起来,并注意及时洗井、彻底洗井。对2眼井做洗井测试,开始洗井井水含沙量很高,经过10多天的连续抽水,井水含沙量终于降到了1/10 000以下,单位涌水量分别为5.1 m³/(h·m)和6.2 m³/(h·m),达到了预期的目的(见表6-2)。

表6-1　增大填含比试验成果对比

井号	井深 (m)	孔径 (mm)	管径 (mm)	含水层累计厚度 (m)	主要含水层粒径 d_{50} (mm)	填砾规格 (mm)	填含比	抽水降深 (m)	出水量 (m³/h)	单位涌水量 [m³/(h·m)]
G27	23	800	330	2.0	0.051	1.2与3~6各一半	24~118	5.79	16.2	2.8
G30	23	800	330	2.0	0.041	1.2	29.3	9.35	13.1	1.4

表 6-2　增大井深及增大填含比试验成果

井号	淡水底板埋深（m）	井深（m）	井水矿化度（g/L）	井径（mm）	沙层累计厚度（m）	主要含水层粒径 d_{50}（mm）	填砾规格（mm）	抽水降深（m）	出水量（m³/h）	单位涌水量 [m³/（h·m）]	井水含沙量
G19	18	33	2.0	500	4.0	0.13	3~6	6.1	38	6.2	0.97/10 000
G36	13	31	2.4	500	3.8	0.07	3~6	4.4	22.4	5.1	0.82/10 000

全剖面填大砾适用于钻孔剖面大部分为黏土和亚黏土层单层沙较薄的情况。如果单层沙较厚而上部又缺乏较坚固的黏土层,将造成机井长期涌沙,并有井孔坍塌的危险。为了解决这个问题,课题组又进一步研究了分层填砾技术,即根据钻孔剖面地层的岩性,分层填砾,在较厚沙层的中底部,按 8~10 倍或再大一些的填含比回填砾料,而在黏土、亚黏土、亚沙土、薄层沙土与粉土以及较厚含水层的上部(多为 0.5 m 左右),均填直径 3~6 mm 的大砾,填砾时,边填边测,通过洗井,使其周围形成一定的孔洞,而又不造成井孔坍塌。

四、打井、配套与低压管道输水统一规划,实现机井合理布局

过去打井,由于缺乏统一规划,在浅井区,一般单井控制面积 30~50 亩,机井密度大,抽水时互相干扰。景县杜桥试区在建设中,打井、配套和低压管道输水统一规划,统一备料施工,实现了百亩一井,井距 220~300 m,使亩均打井配套投资减为原来的 1/2~1/3,同时,群井抽水,互不干扰,一次灌水历时不超过 12 d。

该试区把井位布置与管道输水规划相结合,明显地缩短

了管道长度,减少了管道投资。如在半固定式管道布置中,固定管道布置于地块中部,双向控制,井位布置于固定管道的一端,亩均管道长度比一般长度减少 1.0~1.5 m,仅此一项,节约资金 5 万元。

上述研究成果已于 1989 年 5 月由水利部科教司组织专家进行了技术鉴定。随后,景县车庄农业开发区应用这套技术,在一直不能成井的地方打出了 12 眼好井,单位涌水量均达 5 $m^3/(h \cdot m)$ 以上。很快又在景县全县推广开,仅仅一年多的时间,共打井 310 眼,成井率达 100%。

第七章 对深井潜水泵提水装置的试验与研究

——内外涂塑并采用折算年费用最小法设计最优经济管径的钢泵管是潜水泵提水装置的一项重大技术进步

在我国北方机井灌区,深井的数量和灌溉面积都很大。据统计,仅河北省衡水市,1991 年农用深井即达 17 970 眼,深井灌溉面积 233.51 万亩。多年来,由于采大于补,地下水位不断下降,单井出水量不断减小,耗能越来越多,浇地成本越来越高。20 世纪 90 年代以来,绝大部分深井都换成了潜水泵,其额定出水量一般均为 50 m^3/h,所用的泵管一般均为外径 88.9 mm、内径 80.9~81.4 mm 的钢泵管。这样的泵管一方面粗糙系数偏大,另一方面管径又偏细,因而井泵提水时,其沿程水头损失很大。即使是刚买的新泵管,其沿程水头损失也占净扬程(按净扬程与泵管等长进行计算,下同)的 18.3% 以上(用谢才公式,$n = 0.012$ 计算);用不了几年,当泵管锈蚀以后,粗糙系数更大了,其沿程水头损失将达到净扬程的 24.9%以上(用谢才公式,$n = 0.014$ 计算)。这就使耗能的增加和浇地成本的提高更为严重和突出。40 多年来,为了解决在提水过程中,泵管沿程水头损失过大这个问题,衡水地、县两级水利系统的许多技术人员,不屈不挠,做了大量的工作。这项试验研究工作大体可分为 3 个阶段:第一个阶段从 20 世纪 70

年代末到 90 年代初,这一阶段是对潜水泵无泵管提水装置的试验与研究。最早开展这项试验研究的是桃城区(原衡水县)打井公司,他们于 1978 年在大夏寨、小辛集等 5 个村的 6 眼机井上安装了固定式潜水泵无泵管提水装置,即在打井时将一个环形法兰随井壁管一起下入井内一定的位置,使井内形成一个台肩,将潜水泵上端吊在这个台肩上,利用井壁管向上提水。其结果是机井出水量明显增大,耗电减少,浇地成本随之降低。其中,大夏寨的 1 台装置使用了近 10 年,后因地下水位不断下降,这几套装置先后失效。随后,冀县水利局和水利机械厂的同志们对这项工作进行了多年的试验与研究,他们于 1989 年研制成功了吊装式无泵管提水装置,并在 22 眼机井上推广应用,衡水地区水利局的同志还与他们一起,在 4 眼机井上进行了有无泵管的对比测试。这套装置由井壁管密封头、潜水泵吊装架、充放气装置和井口盖 4 部分组成。井壁管密封头由 2 端带法兰的短管和橡胶的内外带组成,潜水泵吊装架由 2 根钢筋并排焊接而成,充放气装置包括打气筒、高压气管、气压表和气门针等。当井泵下至预定位置时,用打气筒通过高压气管向密封头的内带充气,使内外带膨胀,将井壁管密封;需提下泵时,便将内带放气,使内外带收缩。测试证明,安装了无泵管提水装置后,出水量增加,耗能减少,浇地成本降低,并能节省投资。这种潜水泵无泵管提水装置的优势还在于,它可以在已建成的钢管井、铸铁管井和钢筋混凝土管井中根据水位的变化安装使用。存在的问题主要是,铸铁井管和钢筋混凝土井管内径很不规范,偏差很大,而密封头的法兰与内外带的胀缩范围有限,因而许多机井在提下泵和密封时很困难。另外,这种提水装置虽然省去了泵管,但增加了吊装架和高压气管等充放气装置,也增加了一些麻烦。因此,还需要继续研究与改进。

由于现有的深井和新打的深井绝大多数都是钢筋混凝土井管,为了把问题搞清楚,20 世纪 90 年代初,我便到衡水市生产钢筋混凝土井管的厂家去调查,一是对多根井壁管的内径仔细地量测,二是对井壁管做内水压力抗渗试验。其结果使我感到十分惊讶:不仅是其内径大小相差很大,更为严重的是,这种离心制造的钢筋混凝土管,本应具有很强的抗渗能力,此时却发现这些井壁管居然没有了抗渗能力,稍有压力,管子便全身冒水,压力根本加不上去。究其原因,可以肯定的一点是,这种管材在蒸汽养护以后还应喷水养护一周的时间,而这一项不可缺少的工序,不知什么时候就被该厂抛弃了。是否还有别的原因,不知情。由于该厂与我们不属一个系统,要解决如此严重的质量问题,我感到困难极大。尤其严重的是,这样的井管已生产了多少时间,用这样的井管已打成了多少深井,我更是无法知道。面对这种情况,对深井潜水泵无泵管提水装置的试验研究不得不停止了。

第二个阶段大约从 1994 年前后开始,我设计出了一套塑料泵管,利用塑料管粗糙系数较小的优点,适当增大管径,以大幅度地减小潜水泵管提水的沿程水头损失。为了克服塑料泵管抗拉强度不足,解决承受潜水泵及满管水重量等的安全问题,又增加了 2 条细钢丝绳。在我的倡议下,衡水市第三塑料厂利用 ABS 塑料生产了几套这样的泵管,我们还一起在 1 眼机井上对普通钢泵管与塑料泵管进行了对比测试,确实达到了塑料泵管提高单井出水量、减少耗电的效果。但是,由于广大农民对塑料泵管的强度不放心,加上 2 根细钢丝绳后,提下泵又增加了不少麻烦等,塑料泵管很少有人问津。对于这个方案,我自己也感到不够理想,也没有下大力进行宣传和推广。

1998 年初,我退休之后,想到那么多深井一方面水位不断下降,一方面潜水泵管越来越长,其沿程水头损失越来越大,这二者相加,使机井耗电猛增,浇地成本极大地提高。作为一个搞农田水利的技术人员,一辈子也未能给广大农民解决这个问题,我感到心中有愧,也心有不甘。于是,我不断地思考着解决这个问题的新途径、新方案,同时关注着国内外有关新技术的发展和进步的情况。20 多年来,我发现市场上喷塑或涂塑的商品越来越多,于是我的心中渐渐萌生了一种新的想法:钢管的内外表面能否喷塑或涂塑? 如能,则不仅大大减小了泵管的沿程水头损失,还可使泵管的使用年限大大延长,虽然会增加一些投资,但相对其效益一定会小得多;使用这种泵管,没人会对其安全问题有任何担心,提下泵也不会增加任何麻烦。它可能是解决潜水泵现用泵管沿程水头损失过大的最优途径和最佳方案。这一想法在我的心中越来越明确,越来越坚定。2018 年,我决定在网上搜索一下,看看有没有对钢管内外表面喷塑或涂塑的厂家。经网上查询,果然发现了几个厂家,经与厂家联系,以宏科华管道装备制造有限公司(厂址在河北省沧州市盐山县)最符合我的想法。该厂于2012 年建厂,从 2013 年起,开始在钢管内外表面涂高密度聚乙烯(PE),涂层厚度 0.8~1.0 mm,这项技术在国内已十分成熟。产品经沧州市相关部门检测,其涂层均匀度及附着力均无问题,质量可靠,其理论使用年限为 30 年,已广泛应用于供水、消防、化工、排污等工程。以上便是深井潜水泵提水装置试验研究第三阶段的全过程。

一、钢泵管内外涂塑是一项重大的技术进步

(一)钢泵管内外涂塑,可以大幅度地减小沿程水头损失,大量节电

多年来,衡水深井使用的潜水泵,其额定流量基本上均为 50 m^3/h,所用的泵管基本上是 DN80、外径 88.9 mm、壁厚 3.75 mm、内径 81.4 mm 的普通钢泵管,计算其沿程水头损失,我们采用谢才公式

$$h_f = 10.28n^2 \frac{L}{d^{5.33}}Q^2 \qquad (7\text{-}1)$$

式中　h_f——沿程水头损失,m;

　　　n——管材的粗糙系数,经查表,新钢管为 0.012,旧钢管为 0.014;

　　　L——管道长度,m;

　　　d——管道内径,m;

　　　Q——管道设计流量,m^3/s。

经计算,100 m 新钢泵管的沿程水头损失为 18.31 m,100 m 旧钢泵管的沿程水头损失为 24.93 m。

上述钢泵管内外涂塑后,内径变为 79.4 mm,计算其沿程水头损失,我们按塑料管,因其系光滑管,我们采用哈一威公式

$$h_f = 1.13 \times 10^9 \frac{L}{d^{4.871}}\left(\frac{Q}{C}\right)^{1.852} \qquad (7\text{-}2)$$

式中　h_f——沿程水头损失,m;

　　　L——管道长度,m;

d——管内径,mm;

Q——管内通过的流量,m^3/h;

C——沿程摩擦系数,由相关表查得 PE 管 $C=150$。

计算结果,100 m 涂塑后的钢泵管,其沿程水头损失为 8.23 m,如果我们将普通钢泵管的沿程水头损失按新旧钢管的平均值计算,那么,100 m 钢泵管的沿程水头损失为 21.62 m,于是,100 m 涂塑后的钢泵管其沿程水头损失减小了 13.39 m。

如果我们按 1 眼深井的控制面积为 150 亩,每亩的多年平均用水量为 200 m^3,即多年平均年用水量为 30 000 m^3,机泵综合效率按 40% 计算,那么,能源单耗即千吨米耗电为 2.72÷40%=6.8(kW·h),由此可以算出,100 m 涂塑后的钢泵管比普通钢泵管每年可节电 13.39×30 000÷1 000×6.8=2 731.56(kW·h)。

(二)钢泵管内外涂塑后,可以节省大量的浇地费用和普通钢泵管的更新费用

据宏科华管道装备制造有限公司提供的数据,$DN80$、外径 88.9 mm、壁厚 3.75 mm 的普通钢管,单价为 40 元/m,泵管 3 m 一根,两端各带一个法兰,一对法兰的价格为 60 元,焊接费 36 元,一根普通钢泵管的价格为 40×3+60+36=216(元),平均 72 元/m,100 m 普通钢泵管 7 200 元。

上述泵管内外涂塑的费用为 19.5 元/m,100 m 为 1 950 元,100 m 内外涂塑的钢泵管总价为 9 150 元。另外,内外涂塑的钢管,其理论使用寿命为 30 年,而普通钢泵管在机井潮湿的环境内,其使用寿命一般仅有 7~8 年。

根据以上数据,使用了内外涂塑的钢泵管后,每年可节电 2 731.56 kW·h,按农用电现价 0.62 元/(kW·h)计算,一眼井一年可节省电费 1 693.57 元,而 100 m 泵管内外涂塑的费用为 1 950 元,其还本年限仅为 1.15 年;若用每年节省的电费偿还内外涂塑的全套钢泵管的投资,其还本年限为 5.4 年;另外,一套内外涂塑的钢泵管可使用 30 年,一套可顶普通的钢泵管 4 套使用,也就是在 30 年内,可节省 3 套钢泵管,每米钢泵管重 7.87 kg,即可节省钢材 2 361 kg;若按现价不变计算,可节省 3 套普通钢泵管的购置费 21 600 元。

除此之外,提下和使用内外涂塑的钢泵管,无人担心其安全问题,比使用普通的钢泵管一点也不多费工,一点也不麻烦。

二、用折算年费用最小法对泵管最优经济管径的设计

1983 年,在水利部统一领导和技术指导下,全国各省(区、市)开展了机井和机泵测试与挖潜改造工作。在河北省当时的培训教材中,在"改换经济管径"一节中,提出用经济流速确定经济管径,并提出出水管的经济流速为 2~3 m/s,进水管的经济流速为 1.5~2 m/s。当时,衡水深井安装的多为深井泵,只有少量的机井安装了潜水泵,其额定流量为 50 m³/h,泵管为 DN80 的普通钢泵管,其平均流速为 2.7 m/s,完全在上述经济流速的范围之内,加之当时衡水地下水位还相对较高,存在的问题尚不十分突出,因而潜水泵的泵管问题当时便没有列入挖潜改造的重点中去。

1986 年,衡水代表河北省,作为一个子课题,参加了水利部统一组织的"七五"国家重点科技攻关项目——"低压管道输水灌溉技术研究",在试区试验工程的建设中,低压管道的管径是按 100 m 管道的水头损失控制在 0.5~1.0 m 来设计的。其平

均流速混凝土管为 0.71 m/s,塑料管为 0.71~1.26 m/s。

1993 年初,我编写了《关于低压管道输水灌溉中管径设计问题的探讨》一文,提出了用折算年费用最小法设计管径的原理及方法、步骤。实践证明,这个原理及方法、步骤是正确的。但也发现,在设计方法上有些烦琐。为了让广大基层水利人员一看就懂、就会用,我本着只要能解决问题,越简单实用越好的精神,2018 年,我对原文进行了改写(仍为原题目)。经过试算,改写后的简单实用的折算年费用最小法设计管径的原理及方法、步骤,也完全适用于泵管最优经济管径的设计。

下面,我们就用这个折算年费用最小法来设计潜水泵的最优经济管径。由于钢泵管内外涂塑并采用最优经济管径后,经济效益十分显著,还本年限很短,因此我们也只采用静态分析法一种方法。静态分析法的计算公式为

$$S_C = C_i + E_H K_i \tag{7-3}$$

式中　S_C——方案的折算年费用,元;

C_i——方案的年运行费,元;

E_H——标准投资效益系数,它是标准还本年限的倒数,标准还本年限若定为 8 年,则标准投资效益系数便为 0.125;

K_i——方案的工程投资或投资折算总值,元。

在一个直角坐标中,管径由小到大,建设投资与年运行费用呈两条不同的曲线:建设投资由缓慢增大渐变为迅速增大,年运行费用由迅速减小渐变为缓慢减小。因此,折算年费用必定有一个中间最小值。这个折算年费用最小的管径即为我们设计的最优经济管径。当井泵的设计流量、泵管的长度和管材以及年提水总量确定之后,便可以设计管径。其方法、步

骤如下。

（一）计算不同方案的泵管投资

从现有管材规格中,选择相邻的 3 个管径,分别计算 3 个方案的泵管投资。泵管的投资主要包括钢管费、法兰费、法兰焊接费及泵管内外壁和法兰的涂塑费。泵管一般每根长 3 m,即每 3 m 便焊接一对法兰。不同方案泵管的运输费、装卸费及搬倒费相近,可不予计算。

（二）计算不同方案的年运行费

当计算不同方案的年运行费时,井泵的额定流量（设计流量）不变,泵管的长度不变,机井的净扬程不变（也不予考虑）,机泵综合效率不变,年提水总量及电价均不变,只计算不同管径的泵管提水时的沿程水头损失所增加的耗能费（因潜水泵管均系一根直管,其局部水头损失也不予考虑）。其计算公式为

$$C_i = \frac{WH_{管损}}{1\ 000} e E_C \tag{7-4}$$

式中　　C_i——方案的年运行电费,元;

W——多年平均提水量,t;

$H_{管损}$——泵管的沿程水头损失,m;

e——能源单耗,即千吨米耗电量,kW·h;

E_C——电价,元/（kW·h）。

（三）计算不同方案的折算年费用

选取折算年费用最小的经济管径。如果相邻的 3 个管径,中间 1 个折算年费用最小,那么,它就是我们所求的最优经济管径;如果 3 个管径的折算年费用随着管径的递减而递减,那么,还需要继续假定一个更小的管径进行试算;如果 3

个管径的折算年费用随着管径的递减而递增,那么,还需要假定一个更大的管径进行试算,直至求出中间最小值。

三、泵管最优经济管径设计举例

【例 7-1】　某深井所配潜水泵,额定出水量 50 m³/h,泵管长度 100 m,多年平均提水量 30 000 t,机泵综合效率为 40%,能源单耗即千吨米耗电为 $\dfrac{2.72}{40\%}=6.8(\text{kW}\cdot\text{h})$,电价为农用电,现价 0.62 元/(kW·h),请对普通钢泵管和内外涂塑的钢泵管分别设计其最优经济管径。

解:(1)计算普通钢泵管和内外涂塑的钢泵管各自不同方案的投资,见表 7-1、表 7-2。

表 7-1　普通钢泵管不同方案投资计算结果

钢管				法兰及焊接费			合计（元）
管径（mm）	泵管长度（m）	单价（元/m）	复价（元）	数量（对）	单价（元/对）	复价（元）	
88.9	100	40.0	4 000	34	96	3 264	7 264
114.3	100	55.5	5 550	34	108	3 672	9 222
133.0	100	79.8	7 980	34	125	4 250	12 230

(2)计算普通钢泵管与内外涂塑的钢泵管各自不同方案的年运行费。

普通钢泵管的沿程水头损失我们利用谢才公式,并用新旧钢泵管沿程水头损失的平均值计算其年运行费;内外涂塑的钢泵管的沿程水头损失我们利用哈一威公式计算。不同方案的年运行费见表 7-3、表 7-4。

表 7-2　内外涂塑钢泵管不同方案投资计算结果

钢管				法兰及焊接费			钢管内外及法兰涂塑费			合计（元）
管径（mm）	泵管长度（m）	单价（元/m）	复价（元）	数量（对）	单价（元/对）	复价（元）	数量（m）	单价（元/m）	复价（元）	
88.9+2	100	40.0	4 000	34	96	3 264	100	19.5	1 950	9 214
114.3+2	100	55.5	5 550	34	108	3 672	100	21.5	2 150	11 372
133.0+2	100	79.8	7 980	34	125	4 250	100	28.0	2 800	15 030

表 7-3　普通钢泵管不同方案年运行费计算结果

泵管外径（mm）	泵管内径（mm）	100 m 管道沿程水头损失(m)	年用水总量（t）	年增耗能（kt·m）	能源单耗（kW·h）	年运行费（元）
88.9	81.4	21.62	30 000	648.6	6.8	2 734.50
114.3	106.8	5.09	30 000	152.7	6.8	643.78
133.0	125.5	2.15	30 000	64.5	6.8	271.93

表 7-4　内外涂塑钢泵管不同方案年运行费计算结果

泵管外径（mm）	泵管内径（mm）	100 m 管道沿程水头损失(m)	年用水总量（t）	年增耗能（kt·m）	能源单耗（kW·h）	年运行费（元）
88.9+2	79.4	8.23	30 000	246.9	6.8	1 040.93
114.3+2	104.8	2.13	30 000	63.9	6.8	269.40
133.0+2	123.5	0.96	30 000	28.8	6.8	121.42

（3）计算普通钢泵管与内外涂塑的钢泵管各自不同方案的折算年费用见表 7-5、表 7-6。

表 7-5 普通钢泵管不同方案的折算年费用计算结果

管径 （mm）	工程总投资 （元）	标准投资效益系数 E_H	折算年投资 （元）	年运行费 （元）	折算年费用 （元）
88.9	7 264	0.125	908.0	2 734.5	3 642.5
114.3	9 222	0.125	1 152.75	643.78	1 796.53
133.0	12 230	0.125	1 528.75	271.93	1 800.68

表 7-6 内外涂塑钢泵管不同方案的折算年费用计算结果

管径 （mm）	工程总投资 （元）	标准投资效益系数 E_H	折算年投资 （元）	年运行费 （元）	折算年费用 （元）
88.9+2	9 214	0.125	1 151.75	1 040.93	2 192.68
114.3+2	11 372	0.125	1 421.5	269.4	1 690.9
133.0+2	15 030	0.125	1 878.75	121.42	2 000.17

【例 7-2】 例 7-1 的泵管长度变为 50 m，其他各方面情况均不变，其最优经济管径有无变化。

解：(1)计算普通钢泵管和内外涂塑的钢泵管各自不同方案的工程投资，见表 7-7、表 7-8。

表 7-7 普通钢泵管不同方案工程投资计算结果

管径 （mm）	钢管			法兰及焊接费			合计 （元）
	泵管长度 （m）	单价 （元/m）	复价 （元）	数量 （对）	单价 （元/对）	复价 （元）	
88.9	50	40.0	2 000	17	96	1 632	3 632
114.3	50	55.5	2 775	17	108	1 836	4 611
133.0	50	79.8	3 990	17	125	2 125	6 115

表 7-8 内外涂塑钢泵管不同方案工程投资计算结果

钢管				法兰及焊接费			钢管内外及法兰涂塑费			合计（元）
管径（mm）	泵管长度（m）	单价（元/m）	复价（元）	数量（对）	单价（元/对）	复价（元）	数量（m）	单价（元/m）	复价（元）	
88.9+2	50	40.0	2 000	17	96	1 632	50	19.5	975	4 607
114.3+2	50	55.5	2 775	17	108	1 836	50	21.5	1 075	5 686
133.0+2	50	79.8	3 990	17	125	2 125	50	28.0	1 400	7 515

（2）计算普通钢泵管与内外涂塑的钢泵管各自不同方案的年运行费。

计算公式及有关数据均与例 7-1 相同,不同方案的年运行费见表 7-9、表 7-10。

表 7-9 普通钢泵管不同方案年运行费计算结果

泵管外径（mm）	泵管内径（mm）	50 m 管道沿程水头损失(m)	年用水总量（t）	年增耗能（kt·m）	能源单耗（kW·h）	年运行费（元）
88.9	81.4	10.81	30 000	324.3	6.8	1 367.25
114.3	106.8	2.55	30 000	76.5	6.8	322.52
133.0	125.5	1.08	30 000	32.4	6.8	136.60

表 7-10 内外涂塑钢泵管不同方案年运行费计算结果

泵管外径（mm）	泵管内径（mm）	50 m 管道沿程水头损失(m)	年用水总量（t）	年增耗能（kt·m）	能源单耗（kW·h）	年运行费（元）
88.9+2	79.4	4.12	30 000	123.6	6.8	521.10
114.3+2	104.8	1.07	30 000	32.1	6.8	135.33
133.0+2	123.5	0.48	30 000	14.4	6.8	60.71

（3）计算普通钢泵管与内外涂塑的钢泵管各自不同方案的折算年费用，见表 7-11、表 7-12。

表 7-11　普通钢泵管不同方案的折算年费用计算结果

管径（mm）	工程总投资（元）	标准投资效益系数 E_H	折算年投资（元）	年运行费（元）	折算年费用（元）
88.9	3 632	0.125	454.0	1 367.25	1 821.25
114.3	4 611	0.125	576.38	322.52	898.9
133.0	6 115	0.125	764.38	136.60	900.98

表 7-12　内外涂塑钢泵管不同方案的折算年费用计算结果

管径（mm）	工程总投资（元）	标准投资效益系数 E_H	折算年投资（元）	年运行费（元）	折算年费用（元）
88.9+2	4 607	0.125	575.88	521.10	1 096.98
114.3+2	5 686	0.125	710.75	135.33	846.08
133.0+2	7 515	0.125	939.38	60.71	1 000.09

四、结　论

无论是普通钢泵管还是内外涂塑的钢泵管，无论泵管多长，在设计流量 50 m³/h、多年平均提水量 30 000 m³ 的情况下，其最优经济管径均为 114.3 mm。

采用内外涂塑的长 100 m、外径 114.3 mm 的钢泵管，需投资 11 372 元，比外径 88.9 mm 的普通钢泵管多 4 108 元，但每年可节电 3 975.96 kW·h，节省电费 2465.1 元，还本年限分别为 4.6 年和 1.7 年；30 年内，可少购置普通钢泵管 3 套，节省钢材 2 361 kg，节省泵管购置费 21 792 元；30 年内，一眼井就可累计节电 119 278.8 kW·h，节省电费和泵管购置费 95 745

元。若衡水地区有 12 000 眼深井采用了这项新技术,那么,每年可节电 4 771.152 万 kW·h,节省电费 2 958.114 2 万元;在 30 年内,可节电 14.31 亿 kW·h,节省钢材 28 332 t,节省电费和泵管购置费 11.49 亿元。

采用内外涂塑长 50 m、外径 114.3 mm 的钢泵管,需投资 5 686 元,比外径 88.9 mm 的普通钢泵管多 2 054 元,但每年可节电 1 986.96 kW·h,节省电费 1 231.9 元,还本年限也分别为 4.6 年和 1.7 年;30 年内,可少购置普通钢泵管 3 套,节省钢材 1 180.5 kg,节省泵管购置费 10 896 元;30 年内,一眼井就可累计节电 59 608.8 kW·h,节省电费和泵管购置费 47 853 元。若我国北方机井灌区有 40 万眼类似机井,普遍采用了这项新技术,那么,每年可节电 7.95 亿 kW·h,节省电费 4.927 6 亿元;在 30 年内,可节电 238.4 亿 kW·h,节约钢材 47.22 万 t,节省电费和泵管购置费 191.4 亿元。

另外,长 50 m、外径 88.9 mm 的旧泵管,当设计流量为 50 m³/h 时,其沿程水头损失为 12.47 m,若换为内外涂塑的外径 114.3 mm 的泵管后,其沿程水头损失减小为 1.07 m,井泵的总扬程便减少了 11.4 m,这就使由于水位下降不得不报废的潜水泵又可以继续使用好几年。

五、几点建议

鉴于内外涂塑和用折算年费用最小法设计出的最优经济管径的钢泵管具有极大的优越性,经济效益十分显著,建议各级政府和水利部门大力推广应用。具体建议有以下几点:

第一,建议各市、县水利部门,针对本地机井和井泵的额定出水量、年均用水量、地下水位和原来所用泵管的情况,选取不同类型的代表,做泵管沿程水头损失的计算,研究和详细了解现存的问题,然后利用折算年费用最小法设计出内外涂塑的钢泵管的最优经济管径,与原有泵管首先在理论上进行比较,然后向各级政府和广大农民广泛宣传原有泵管存在的问题和新泵管的巨大优越性。

第二,层层建立试点,并对新旧泵管进行对比测试。选择试点时,可优先选择那些井泵本来还可使用,但由于地下水位下降不得不报废的潜水泵。测试时可能发现,更换了内外涂塑的最优经济管径的泵管之后,机井每小时的出水量增加了,耗电减少了,机井的动水位会下降得多一些,但每小时节电没有设计的那样多。请注意,由于单井出水量增加,在每年总用水量不变的情况下,开机提水所用的时间减少了,机泵综合效率提高了,千吨米耗电减少了。因此,总的用电量肯定会大幅度减少的。总之,要通过层层建立试点,让各级政府和水利部门的广大干部、技术人员以及广大农民真正看到新泵管的巨大优越性。

第三,设立专项资金,鼓励和支持广大农民更换这种先进泵管。

第八章 低压管道输水长畦灌是一套农田灌水新技术

一、低压管道输水和长畦灌的产生与近况

20世纪70年代,我国北方机井建设和井灌迅速发展,起初,井灌都是土垄沟输水小畦灌。主垄沟大都在地头上,也多为填方修筑,车辆及机械进出田间不方便,因而常遭破坏。土垄沟输水小畦灌,不仅垄沟及畦埂占地多,土垄沟输水跑水及渗漏水量损失大,每年垄沟及畦埂的修筑维修和浇地用工也很多。20世纪70年代中后期,各地混凝土防渗垄沟出现并逐步推广,但它仅解决了主垄沟输水的渗漏损失问题,且受冻融的影响,每年的维修任务也很大。

20世纪70年代末,混凝土地下防渗管道出现并逐步推广。混凝土管管径较大,价格较低,但用水泥砂浆连接预制的混凝土管施工要求十分严格,稍不注意就会漏水;80年代初,高压聚乙烯薄膜软管作为地面移动输水管道迅速推广。与此同时,我们开始研究利用聚氯乙烯硬塑管作为地下输水管道,但当时市场上的聚氯乙烯塑料管内径多为100 mm,壁厚达4~5 mm。而我们当时的深井井泵多为深井泵,单井出水量一般为80 m³/h左右,用这样的塑料管显然不行,一是管径太小,严重阻水;二是壁厚太厚,价格太高。于是,我们建议厂家生产大口径、薄壁硬塑管。随后,我们在深井上研究出了两种半固定式低压输水管道,一种是内径200 mm的离心混凝土管

作固定管道,一种是内径 150 mm 的聚氯乙烯硬塑管作固定管道,二者均采用大口径高压聚乙烯薄膜软管作移动管道,并对二者做了对比测试。

1986 年,国家把"低压管道输水灌溉技术研究"列为"七五"国家重点科技攻关项目,水利部组织水科院水利所、水利部农田灌溉研究所、天津市、山东省、河北省、北京市联合研究攻关,该项目于 1989 年底通过了农业部主持的专家鉴定。在该项研究中研制的固定管材主要有薄壁和双壁波纹 PVC 塑料管、多种混凝土预制管和现浇管、地埋软管、水泥沙管等,移动管材则均为高压聚乙烯薄膜软管。

20 世纪 90 年代以后,由于地下水位的不断下降,单井出水量不断减小,另外,由于供电条件的不断改善与提高,潜水泵逐步取代了深井泵,衡水市深井的单井出水量都降为 50 m³/h 左右,中浅井的单井出水量绝大部分降至 20～30 m³/h。在这种情况下,塑料管的优点进一步突显:它不仅运输轻便、施工安装简易、运行可靠,随着输水量和管径的减小,其价格也相对不高。因此,在衡水市深、中、浅井上普遍采用。深井的固定管道采用的多为直径 125 mm 的聚氯乙烯塑料管,壁厚 2.5 mm;中浅井的固定管道采用的多为直径 110 mm 的聚氯乙烯塑料管,壁厚 2.2 mm。与此同时,高压聚乙烯薄膜软管自 20 世纪 80 年代作为移动输水管道运用以来,一直认为它不是理想的移动输水管道,因为它怕扎、易损,每扎一个小孔,在输水中便不断漏水;另外,当遇到大风时,在田间铺管也很不容易。因此,我们总想研制比较理想的移动管道来取代它。

为此,我们研究过高压聚乙烯薄壁硬管,采用承插连接,5～7 m 一节,但连接、搬迁与存放都有些不便,还会增加一些水头损失,于是这个方案被否定了;我们还研究过增加固定管道的长度,在田间布设树状或环状管网,以尽量减少移动管道的长度,但这要增加不少投资,在田间增加的出水口,对机械作业有些不便。因此,这也不是理想的方案。总之,这个问题一直困惑着我们,迟迟得不到解决。

进入21世纪,一些生产厂家生产出了高压聚乙烯薄壁软管,它有直径125 mm和170 mm两种规格,壁厚均为0.5 mm。它既保存了薄膜软管可用套袖法连接,可以卷起来便于搬迁和保存的优点,又克服了薄膜软管怕扎易损的缺点,成为比较理想的移动输水管道。至此,低压管道输水灌溉技术终于完善成熟起来。

另外,20世纪80年代初,我国农村实行了联产承包责任制,一家一户在一方地内分到的耕地大多只有几米宽,根本无法布设小垄沟;与此同时,低压管道输水灌溉技术也出现了,于是,广大农民群众便一下子去掉了田间的小垄沟和众多的畦埂,根据不同的土质和地块,采用不同畦宽、畦长和移动输水管道。总的情况是:畦子大大增长了、增大了,每次的灌水定额增大了,灌水次数减少了,从而彻底摆脱了土垄沟输水小畦灌占地多、用工多、输水中跑水和渗漏水量损失多的弊端。每次的灌水定额虽然增大了,但由于灌水次数减少了,农作物(主要是冬小麦)全生育期的灌水量并没有增加。这一灌水技术、灌水定额和灌溉制度实施以后,农作物不但没有减产,反而连年大增产、大丰收。于是,低压管道输水长畦灌这套农田灌水新技术就这样诞生了。

经过衡水市低压管道输水长畦灌近40年来的实践检验,其主要经验及技术数据如下。

低压管道输水灌溉,在衡水这样的机井灌区,最好的管道布置形式是半固定式;干管为固定管道,无论是"一"字形、"T"字形,还是"L"形,都是因为井位不同,要把干管在地块地面较高的一端,垂直耕作方向横向布置;固定管道最易推广、最受群众欢迎的管材还是运输轻便、施工安装简易、运行可靠的薄壁聚氯乙烯硬塑管;最好的移动管道是高压聚乙烯薄壁软管。有了这种较为理想的移动管道之后,"树状网""环状网"都没有什么必要了;一切布置在地块中间的出水口都有碍机械耕作,管理运行也都是不便的;如果新打机井,最优的井位是地头上固定管道的中部。在衡水市深井灌区,单井出水量 50 m³/h,干管直径多采用 125 mm 的聚氯乙烯硬塑管;在中浅井灌区,单井出水量多为 20 ~ 30 m³/h,干管直径多采用 110 mm 的聚氯乙烯硬塑管。干管均埋于地下 0.8 m 处,一般 50 m 左右设一出水口。出水口多数为铸铁的,也有少量用钢管焊接的,还有玻璃钢的,下部为三通,竖管高出地面,不用时上口由法兰盖板或丝扣盖板封堵。管与管和管与三通均为现场加热承插连接,一般亩均干管长 3 ~ 5 m。

支管为移动管道,浇地时临时铺设于地面上。衡水市深井灌区多采用直径 170 mm 的高压聚乙烯薄壁软管,中浅井灌区多采用直径 125 mm 的高压聚乙烯薄壁软管,其壁厚均为 0.5 mm。移动软管长一般为 50 ~ 150 m,一般每 20 ~ 30 m 或 40 ~ 50 m 一节,采用套袖法连接,搬迁时把它卷起来,搬迁与存放都较为方便。

衡水市深井灌区固定管道一般总的水头损失最大值仅为 3 ~ 5 m,中浅井总的水头损失更小;移动软管由于管径很大,井水在管内沿地面纵坡流动,不用计算其水头损失。因此,新建低压输水管道,除非由于地下水位下降,井泵到了更新换代的时候,一般情况下,均不用更新井泵。

衡水市的长畦灌,其畦田规格及灌溉制度,不同的土壤有所不同:在沙壤土地上,畦宽一般为 3～5 m,畦长 50～70 m,移动软管长一般为 100～150 m。灌水定额为 70 m³/亩左右,冬小麦在播前有一定底墒的情况下,春季只灌 3 水;在中壤土、黏壤土和黏土地上,畦宽一般 3～5 m 或 5～8 m,畦长一般为 100～200 m,移动软管长 50～100 m。灌水定额为 100～120 m³/亩,冬小麦在播前有一定底墒的情况下,春季只灌 2水。经过生产实践的长期检验,这样的畦田规格、灌水定额和灌溉制度也是较好的。

二、低压管道输水长畦灌的优点

第一,建设投资省。低压管道输水由于干管不长以及是薄壁塑料管,价格较低,一般不需更新井泵,因而投资较省。

第二,运行费用低。因是低压输水,井泵扬程最大时只增加 3～5 m,耗能增加不多;移动软管为几家联合购置,自购自用,自己保管,因此运行费用也较低。

第三,省水。低压管道输水长畦灌,既没有输水的渗漏损失,也没有喷灌的蒸发损失;浇地时农民根据地块的地面纵坡,在实践中不断总结经验,到畦内水流到何处时可改换畦,从而可以使一个畦内首尾两端灌水均匀;又因灌水次数较少,灌后增加的蒸发损失也小。因此,低压管道输水长畦灌也较省水。

第四,省地。低压管道输水长畦灌较土垄沟输水小畦灌能节省不少垄沟及畦埂占地。

第五,省工。低压管道输水长畦灌由于畦埂很少,所以每年打畦埂用工很少;又由于灌水次数少,灌水时仅需 1 人站在地边看着水沿地面慢慢流动;每浇完一个畦,便把用过的软管内的水排净,把软管卷起来即可。因而灌水用工很省,工作条件也较好。

第六,灌水不怕风。低压管道输水灌溉,白天可以浇地,晚上也可以浇地,还不怕风。除小麦抽穗后遇到特大风时需停灌,以防小麦倒伏外,一般风天可照浇不误。

第七,适应面广。低压管道输水长畦灌,在我国北方平原地势平坦、土层深厚、地下水位较深的广大机井灌区,在沙壤土、中壤土、黏壤土和黏土地上,都可以推广应用,深受广大农民群众欢迎。

三、发展低压管道输水长畦灌,需要解除的两个疑虑

(一)低压管道输水长畦灌是否容易产生地面径流

什么叫地面径流?为此,我查了一下《现代汉语词典》,它对"径流"的解释是:降水除蒸发的、被土地吸收的和被拦堵的以外,沿着地面流走的水叫径流。按照它的解释,我的理解是:只有灌溉水流到了耕地的灌水地段以外之后,沿着地面流走的水,才叫地面径流。那么,低压管道输水长畦灌便不存在这种地面径流,也不容易产生这样的地面径流。由于耕地被农民整得很平,地面纵坡又很小,单井出水量又不大,灌水时农民看着灌溉水沿地面慢慢流动,一点也没有跑水,从机井里提出的水通过低压管道输送到田间之后,全部灌在耕地的灌水地段内,也就是全部被拦堵在畦子里。因此,这个疑虑是

完全可以打消的。

（二）低压管道输水长畦灌有无深层渗漏

这个问题不妨让我们用土壤有效持水量资料计算一下畦灌的灌水定额。计算土层深度我们采用国外喷灌专家在设计喷灌灌水定额时，所采用的小麦、玉米、谷子等大田作物深入土中吸收水分的深度150 cm；沙壤土、中壤土、黏壤土、黏土的有效持水量分别采用1.05、1.60、1.75、1.70（mm/cm）；允许消耗的水分占有效持水量的比值，大田作物以0.67计算，畦灌的灌水定额即为三者的连乘积。

计算结果：沙壤土的灌水定额为105.5 mm（70.4 m³/亩），中壤土的灌水定额为160.8 mm（即107.3 m³/亩），黏壤土的灌水定额为175.9 mm（117.3 m³/亩），黏土的灌水定额为170.9 mm（114 m³/亩）。这些数据与衡水市广大农民群众，在采用"长畦灌"的长期生产实践中，实际采用的灌水定额基本相符。也就是说，沙壤土每亩灌水70.4 m³，中壤土、黏壤土、黏土每亩灌水107.3～117.3 m³，其灌溉水的入渗深度只有150 cm，完全在国外喷灌理论提供的小麦、玉米等大田作物能从土壤中吸收水分的深度之内，根本不存在深层渗漏问题。有的人一看见农民群众的"长畦灌"，就说这是"大水漫灌""会产生大量的深层渗漏"，这种说法是没有根据的。因此，低压管道输水长畦灌会不会产生深层渗漏的疑虑也可以打消了。

四、存在问题与建议

（一）关于发展高标准管灌问题

目前，有人提出建设高标准管灌，我不知道是什么意思。

如果在耕地内部再增加固定管道,不仅增加不少投资,其露出地面的出水口,与大量的农机作业有矛盾,稍不注意,农机和出水口都容易遭到破坏。我建议,如果发现有的地块移动软管用量偏少,畦长有些过长,担心灌水定额过大,可能产生一定的深层渗漏,可以加强指导,或增加一些购置软管的补助费,使其适当增加移动软管的用量,适当缩短畦长。

(二)关于高压聚乙烯薄壁软管抗老化问题

高压聚乙烯薄壁软管很好,较原来的薄膜软管是一大进步。唯一的缺点是其抗老化能力差,使用年限较短。多年来,生产厂家都知道,若加入抗老化剂,其使用年限便可大大增长。但抗老化剂炭黑是黑色的,加入后,整个移动软管便成了黑色的。农民们误以为它是再生塑料加工成的,便不肯买,因此厂家不敢生产,这个问题已存在了多年。我建议水利部门与工商部门好好协商一下,然后定厂生产、定点销售供应,同时对广大农民加强宣传指导;起初,定点厂还可以同时生产一种规格,但有加炭黑与不加炭黑的两种软管,每个农民购买时可同时各卖给他一半。当农民在应用中发现加入防老化剂的黑色薄壁软管使用年限果然大大延长后,必定会去定点销售点上专买加入防老化剂的黑色软管了。到那时,厂家自然就可以专门生产加入防老化剂的薄壁软管了。

第九章 关于低压管道输水灌溉中管径设计问题的探讨

一、管径设计的原理

在低压管道输水灌溉工程中,当管道设计流量与规划布置一定时,管径越大,建设投资越大,但年运行费用越小;相反,管径越小,建设投资越省,但年运行费用越大。建设投资一般是一次投入,而运行费用在工程的经济寿命内,是年年发生的。显然,单纯依据哪一项来设计管径都是错误的。根据水利经济计算的有关原理,要进行比较,就应该换算成"折算年费用",在效益一定的情况下,折算年费用最小的方案,即为最优方案。

计算折算年费用有静态分析法和动态分析法两种方法。

静态分析法的计算公式为:

$$S_C = C_i + E_H K_i \tag{9-1}$$

动态分析法的计算公式为:

$$S_C = C_i + a K_i \tag{9-2}$$

式中　S_C——方案的折算年费用,元;

C_i——方案的年运行费,元;

K_i——方案的工程投资或投资折算总值,元;

E_H——标准投资效益系数,它是标准还本年限的倒数,苏联规定,标准投资效益系数不得小于 0.12,还本年限不得大于 8 年,我国还没有统一规定,在

低压管道输水灌溉工程中,标准还本年限我们暂定为 8 年,标准投资效益系数暂定为 0.125;

a——换算系数,$a = \dfrac{r(1+r)^N}{(1+r)^N - 1}$,其中 r 为经济报酬率(利率),N 为经济计算期。

由于低压管道输水灌溉较原来的土垄沟输水小畦灌省水、省地、省工,可以扩大或改善水浇地,降低浇地成本,效益十分显著,而建设低压管道投资相对较少,还本年限一般仅需 2 年左右。因此,不必采用动态分析法,仅采用静态分析法一种方法即可。

在一个直角坐标中,管径由小到大,建设投资与年运行费用呈两条不同的曲线:建设投资由缓慢增大渐变为迅速增大,年运行费用由迅速减小渐变为缓慢减小。因此,折算年费用必定有一个中间最小值。这个折算年费用最小的管径即为我们设计的最优经济管径。以上便是折算年费用最小法设计管径的基本原理。

1993 年以来,我们在不同地块、不同条件下的许多低压管道输水灌溉工程的规划设计中,在利用折算年费用最小法设计最优经济管径时还发现,最优经济管径,不仅与设计流量有关,还与地块的形状与管道规划布置(或者是管道的设计计算长度)、机井的位置、机井控制面积及单位面积多年平均用水量(或者是多年平均总用水量)有关。

多年来,国内关于管径设计的理论还有一种,即经济流速法。有的同志主张混凝土管的经济流速为 0.5~1.0 m/s,塑料管的经济流速为 1.0~1.5 m/s;还有的同志将给水管网采用的经济流速(如混凝土管为 0.5~1.1 m/s,硬塑管为 0.6~

1.3 m/s)推荐给低压输水灌溉管道设计时参考。但至今尚未见有人对其理论依据进行阐述。我们在低压管道输水灌溉工程的规划设计中发现,一个设计流量,在专为低压管道输水灌溉工程生产的薄壁硬塑管系列中,往往有 2 种以上的硬塑管其平均流速均在上述经济流速的范围之内,哪个最优,无法取舍。如设计流量为 50 m³/h,外径为 160 mm(内径为 152 mm)、140 mm(内径为 133 mm)、125mm(内径为 118.8 mm)的平均流速分别为 0.8 m/s、1.0 m/s、1.3 m/s;设计流量为 40 m³/h,外径为 160 mm、140 mm、125 mm、110 mm(内径 104.6 mm)的平均流速分别为 0.6 m/s、0.8 m/s、1.0 m/s、1.3 m/s。

除此之外,采用经济流速法设计管径,无论管道多长,年输水总量多少,都采用一种管径,也不够严谨。总之,我们认为,利用经济流速法设计低压管道输水灌溉工程的管径,既缺乏有力的理论根据,也不够科学合理。

二、管径设计的方法与步骤

当管道设计流量、管道规划布置和管材确定之后,便可以设计管径,其方法与步骤如下。

(一)计算不同方案的工程投资

从现在的管材规格中,选择相邻的 3 个管径,如薄壁 PVC 管中的 110 mm、125 mm、140 mm 3 种管径,分别计算 3 个方案的工程投资。管道工程投资主要包括管材与管件费(均包括运输费与装卸费)、施工费、勘测设计费及其他材料费等小型购置费。在施工费中,除包括挖沟、接管、回填等用工费外,还包括临时占地损失费及短途运输装卸费。在管径设计时,由于不同方案的施工费、勘测设计费、其他材料费等小型购置费相同或相近,因此工程投资可只计算管材费与管件费。

(二)计算不同方案的年运行费

管道输水工程的年运行费主要包括燃料动力费、浇地用工费、工程维修费、管理费、易损移动管道的更新费,有的地方还包括水资源费。在管径设计时,不同方案的管理费、易损移动管道的更新费和水资源费大体相同,因此在计算年运行费时,可不计算在内。关于工程维修费,过去我们往往以工程总投资的 2% 计,由于其占比及不同方案的差额均较小,经我们多次计算,在计算年运行费时,包括与不包括此项,一般均不影响设计的最后结果,为简便起见,我们主张也不把它计算在内。

关于不同方案的浇地用工费,是考虑不同管径输水水头损失的不同引起其井泵总扬程的不同。根据井泵性能曲线,常用井泵在高效区内扬程增加 1 m,提水量大多数减少 2 m³/h 左右,少数减少 1 m³/h 和 3 m³/h。但是,我国的低压管道输水灌溉工程至今多建在我国北方的机井灌区,低压输水管道多数为较大直径的薄壁塑料管,其最大水头损失一般仅为 3~5 m;而井泵多为潜水泵,泵管一般均为钢管,且管径相对较小,又由于地下水位的不断下降,许多井泵提水高度和泵管长度较大,因此低压管道增加的扬程在井泵的总扬程中占比很小。在这种情况下,若建低压输水管道后,因增加了低压管道的输水水头损失,井泵的提水量若显著减少,则不仅低压管道的输水水头损失会有所减小,泵管的水头损失会减小得更多,由此制约着井泵的提水量不会显著地减少,不同方案的管道输水量不会有显著的差别,其浇地用工费也不会有显著的差别。于是,在各个方案的年运行费用中,浇地用工费又可不予计算。

关于燃料动力费,在井泵额定出水量不变的情况下,其动水位、井泵的净扬程、原来的总扬程和机泵综合效率均为定值,因此在设计管径时,不同方案的动力费可只计算低压管道输水水头损失所增加的耗能费。其计算公式为:

$$C_i = \frac{WH_{管损}}{1\ 000}e\ E_C \tag{9-3}$$

式中　C_i——方案的年运行电费,元;

　　　W——多年平均提水量,t;

　　　$H_{管损}$——低压管道各出水口水头损失的均值,m;

　　　e——能源单耗,即千吨米耗电量,kW·h;

　　　E_C——电价,元/(kW·h)。

管道输水灌溉中,出水口不断变化,其输水长度和水头损失也随之变化,$H_{管损}$是管道各出水口水头损失的均值。当各出水口控制面积相等时,它等于以各出水口输水长度的算术平均值为设计计算长度的水头损失;当各出水口控制面积不等时,它等于以各出水口输水长度的加权平均值为设计计算长度的水头损失。

e 为千吨米耗能,以电动机为动力时,$e = \dfrac{2.72}{\eta}$,η 为机泵装置的综合效率,在设计管径时,我们可把 η 视为定值,如 η 为40%,那么,$e = 2.72 \div 40\% = 6.8(kW·h)$。

(三)计算折算年费用

选取折算年费用最小的经济管径。如果相邻的 3 个管径,中间 1 个折算年费用最小,那么它就是所求的经济管径;如果 3 个管径的折算年费用随着管径的递减而递减,那么还需要继续假定一个更小的管径进行试算;如果 3 个管径的折算年费用随着管径的递减而递增,那么还需要继续假定一个更大的管径进行试算,直至求出中间最小值。

三、管径设计举例

【例9-1】　某地块东西长 500 m,南北宽 240 m,面积为 180 亩,地势南高北低,地形十分平坦。地块的东南角有 1 眼深井,配潜水泵,额定流量为 50 m³/h,单位面积多年平均用水量为 250 m³/亩,拟建低压管道输水灌溉工程,管道沿长边布置在地块的南头,总长 450 m,采用薄壁 PVC 塑料管,每 50 m 设一出水口,机井恰在管道的东端(见图9-1)。请设计最优经济管径。

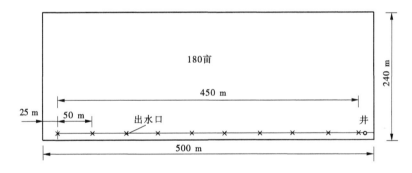

图9-1　管道规划布置

解:(1)计算不同方案的工程投资,见表9-1。

(2)计算不同方案的年运行费(年耗能增加值)。

关于管道的沿程水头损失,因 PVC 塑料管系光滑管,故采用哈一威公式进行计算,该经验公式为:

$$h_f = 1.13 \times 10^9 \frac{L}{d^{4.871}} \left(\frac{Q}{C}\right)^{1.852} \tag{9-4}$$

式中　h_f——管道的沿程水头损失,m;

L——管道长度,m;

Q——管内通过的流量,m³/h;

d——管内径,mm;

C——沿程摩擦系数,经查表,PVC 塑料管为 150。

表 9-1　不同方案工程投资计算结果

管材				出水口				合计(元)	说明
管径(mm)	管道长度(m)	单价(元/m)	复价(元)	规格(in)	数量(个)	单价(元/个)	复价(元)		
140	450	30	13 500	5.5变5	10	120	1 200	14 700	管件尚有逆止阀和排气阀,因各方案相同未计入
125	450	25	11 250	5	10	100	1 000	12 250	
110	450	20	9 000	4	10	80	800	9 800	

关于局部水头损失,因低压输水管道系长管,其局部水头损失以沿程水头损失的 10% 计。各方案管道的设计计算长度等于各出水口输水长度的算术平均值。经计算,该工程的管道设计计算长度为 225 m。另外,该工程各方案的机泵综合效率 η 均按 40% 计算,则能源单耗 e 为 6.8 kW·h。电价以农用电现行价格 0.62 元/(kW·h)计算,则不同方案的年运行费计算结果见表 9-2。

表 9-2　不同方案年运行费计算结果

管外径(mm)	管内径(mm)	百米管道沿程水头损失(m)	百米管道局部水头损失(m)	管道设计计算长度(m)	管道总水头损失(m)	年用水总量(t)	年增耗能量(kt·m)	能源单耗(kW·h)	年运行费(元)
140	133	0.67	0.07	225	1.67	45 000	75.15	6.8	316.8
125	118.8	1.16	0.12	225	2.88	45 000	129.6	6.8	546.4
110	104.6	2.15	0.22	225	5.33	45 000	239.85	6.8	1 011.2

（3）计算不同管径的折算年费用，见表9-3。

表9-3　不同管径的折算年费用计算结果

管径 （mm）	工程总投资 （元）	标准投资 效益系数 E_H	折算年投资 （元）	年运行费 （元）	折算年费用 （元）
140	14 700	0.125	1 837.5	316.8	2 154.3
125	12 250	0.125	1 531.25	546.4	2 077.65
110	9 800	0.125	1 225.0	1 011.2	2 236.2

从表9-3中可以看出，管径125 mm的PVC薄壁塑料管，其折算年费用是中间最小值，因此它就是我们设计的最优经济管径。

（4）假如例9-1的地块形状、面积、机井所配的潜水泵、单位面积多年平均的用水量、管道的规划布置及设计流量均不变，仍采用薄壁PVC塑料管，变化的只是机井的位置，它由管道的一端改到了管道的正中央，我们重新计算一番，看看其最优经济管径有无变化。

我们仍选用140 mm、125 mm、110 mm的3种管径进行比较，由表9-1可以看出，3个方案的工程总投资不变，其百米沿程水头损失和局部水头损失也不变，但管道的设计计算长度变了，它由表9-2中的225 m减为112.5 m，于是，其管道总水头损失、年增耗能量及年运行费用均发生了变化（见表9-4）。

由表9-5看到，上述3个管径的折算年费用随着管径的递减而递减，因此还需要继续假定一个更小的管径进行试算。于是，我们选取管径90 mm的薄壁PVC塑料管，其壁厚为2.3 mm，内径为85.4mm，单价为14.5元/m，出水口为3.5 in，单价为 60 元/个。据此算出 450 m 管长复价为 6 525 元;10 个出水口复价为 600 元,该方案工程投资为 7 125 元。

表9-4　不同方案年运行费计算结果

管外径（mm）	管内径（mm）	百米管道沿程水头损失（m）	百米管道局部水头损失（m）	管道设计计算长度（m）	管道总水头损失（m）	年用水总量（t）	年增耗能量（kt·m）	能源单耗（kW·h）	年运行费（元）
140	133	0.67	0.07	112.5	0.83	45 000	37.35	6.8	157.5
125	118.8	1.16	0.12	112.5	1.44	45 000	64.8	6.8	273.2
110	104.6	2.15	0.22	112.5	2.67	45 000	120.15	6.8	506.6

表9-5　不同管径的折算年费用计算结果

管径（mm）	工程总投资（元）	标准投资效益系数 E_H	折算年投资（元）	年运行费（元）	折算年费用（元）
140	14 700	0.125	1 837.5	157.5	1 995.0
125	12 250	0.125	1 531.25	273.2	1 804.5
110	9 800	0.125	1 225.0	506.6	1 731.6

其百米管道沿程水头损失为 5.77 m,百米管道局部水头损失为 0.58 m,112.5 m 的管道设计计算长度其总水头损失为 7.14 m,45 000 t 的多年平均用水量,年增耗能为 321.3 kt·m,能源单耗仍为 6.8 kW·h,电价仍为 0.62 元/(kW·h),其年运行费为 1 354.6 元。

将上述数据与表 5 的数据一起列于表9-6,再看不同管径的折算年费用。

从表9-6 中可以看出,仅井位变化以后,管径 110 mm 的

PVC 薄壁塑料管,其折算年费用是中间最小值。因此,它就变为最优的经济管径。

表9-6　不同管径的折算年费用计算结果

管径 (mm)	工程总投资 (元)	标准投资效益系数 E_H	折算年投资 (元)	年运行费 (元)	折算年费用 (元)
140	14 700	0.125	1 837.5	157.5	1 995.0
125	12 250	0.125	1 531.25	273.2	1 804.5
110	9 800	0.125	1 225.0	506.6	1 731.6
90	7 125	0.125	890.63	1 354.6	2 245.2

【例9-2】　某地块东西长 300 m,南北宽 267 m,面积为 120 亩,地势南高北低,地形十分平坦。地块的东南角有一眼中井,配潜水泵,额定流量为 30 m³/h,单位面积多年平均用水量为 250 m³/亩,拟建低压管道输水灌溉工程,管道沿长边布置在地块的南头,总长 250 m,采用薄壁 PVC 塑料管,每 50 m 设一出水口,机井恰在管道的东端(见图9-2),请设计最优经济管径。

解:(1)计算不同方案的工程投资,见表9-7。

表9-7　不同方案的工程投资计算结果

管材				出水口				合计 (元)
管径 (mm)	管道长度 (m)	单价 (元/m)	复价 (元)	规格 (in)	数量 (个)	单价 (元/个)	复价 (元)	
125	250	25.0	6 250	5	6	100	600	6 850
110	250	20.0	5 000	4	6	80	480	5 480
90	250	14.5	3 625	3.5	6	60	360	3 985

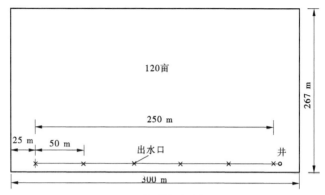

图9-2　管道规划布置

（2）计算不同方案的年运行费，见表9-8。

表9-8　不同方案的年运行费计算结果

管外径 （mm）	管内径 （mm）	百米管道 沿程水头 损失(m)	百米管道 局部水头 损失(m)	管道设计 计算长度 （m）	管道总 水头损失 （m）	年用水 总量 （t）	年增 耗能量 （kt·m）	能源单耗 （kW·h）	年运 行费 （元）
125	118.8	0.45	0.05	125	0.625	30 000	18.75	6.8	79.1
110	104.6	0.83	0.08	125	1.14	30 000	34.2	6.8	144.2
90	85.4	2.24	0.22	125	3.08	30 000	92.4	6.8	389.6

（3）计算不同方案的折算年费用，见表9-9。

从表9-9中可以看出，管径110 mm的薄壁PVC塑料管，其折算年费用是中间最小值，因此它就是我们设计的最优经济管径。

表9-9　不同方案的折算年费用计算结果

管径 （mm）	工程总投资 （元）	标准投资效益 系数 E_H	折算年投资 （元）	年运行费 （元）	折算年费用 （元）
125	6 850	0.125	856.25	79.1	935.4
110	5 480	0.125	685.0	144.2	829.2
90	3 985	0.125	498.13	389.6	887.7

(4)假如例9-2的地块东西长度仍为300 m,南北宽度改为200 m,面积变为90亩,单位面积多年平均用水量减为200 m³/亩,那么,该地块的多年平均用水量减为18 000 m³,管道的规划布置、总长度、机井位置及设计流量都不变,仍用薄壁PVC塑料管。我们再重新计算一番,看看其最优经济管径有无变化。

我们仍选用125 mm、110 mm、90 mm的3种管径进行比较,由表9-7可以看出,3个方案的工程总投资不变,其百米沿程水头损失、局部水头损失、管道的设计计算长度及总水头损失均不变,变化的只是年用水总量一项,它由30 000 m³减为18 000 m³。于是,年增耗能量和年运行费用发生了变化(见表9-10)。

表9-10 不同方案的年运行费计算结果

管外径 (mm)	管内径 (mm)	百米管道 沿程水头 损失(m)	百米管道 局部水头 损失(m)	管道设计 计算长度 (m)	管道总 水头损失 (m)	年用水 总量 (t)	年增 耗能量 (kt·m)	能源 单耗 (kW·h)	年运 行费 (元)
125	118.8	0.45	0.05	125	0.625	18 000	11.25	6.8	47.43
110	104.6	0.83	0.08	125	1.14	18 000	20.52	6.8	86.51
90	85.4	2.24	0.22	125	3.08	18 000	55.44	6.8	233.74

由表9-11看到,上述3个管径的折算年费用随着管径的递减而递减,因此还需要继续假定一个更小的管径进行试算。于是我们选取管径75 mm的薄壁PVC管,其壁厚为2.3 mm,内径为70.4 mm,单价为12.3元/m;出水口为3 in,单价为50元/个。据此算出250 m管长复价为3 075元,6个出水口复价为300元。该方案工程总投资为3 375.0元。

表 9-11　不同管径的折算年费用计算结果

管径 （mm）	工程总投资 （元）	标准投资效益 系数 E_H	折算年投资 （元）	年运行费 （元）	折算年费用 （元）
125	6 850	0.125	856.25	47.43	903.7
110	5 480	0.125	685.0	86.51	771.5
90	3 985	0.125	498.13	233.74	731.9

该方案百米管道沿程水头损失为 5.74 m，百米管道局部水头损失为 0.57 m，125 m 管道设计计算长度，其总水头损失为 7.89 m。年均用水量减为 18 000 m³ 后，其年增耗能量为 142.02 kt·m，能源单耗及电价不变，于是，该方案的年运行费为 598.76 元。

从表 9-12 中可以看出，仅年用水总量变小以后，管径 90 mm 的薄壁 PVC 塑料管，其折算年费用是中间最小值。因此，它就变为最优的经济管径。

表 9-12　不同管径的折算年费用计算结果

管径 （mm）	工程总投资 （元）	标准投资效益 系数 E_H	折算年投资 （元）	年运行费 （元）	折算年费用 （元）
125	6 850	0.125	856.25	47.43	903.7
110	5 480	0.125	685.0	86.51	771.5
90	3 985	0.125	498.13	233.74	731.9
75	3 375	0.125	421.88	598.76	1 020.6

第十章　对我国喷灌的看法

20世纪70年代初,我在河北水利专科学校工作。该校的图书馆和资料室对有关图书、期刊均予以订阅。当时,我从这些期刊中发现有关喷灌的新闻报道和文章越来越多,于是,它渐渐引起了我的重视。那时不管是哪一篇有关的技术资料,都说喷灌比地面灌溉省水、省工、省地、增产……因此,当时的我,像国内许多人一样,渐渐成了一个十足的"喷灌迷",把喷灌当作自己美好的梦想。

1978年初,我调到衡水地区水利局工作后,专门负责全区的喷灌研究与推广工作。我先后在全区部署了一批各种类型的喷灌试点,并不断到区外参观学习。结果,这些试点均使我大失所望。由于我国各地一批批喷灌试点相继纷纷失败倒闭,1981年以后,我国第一次大搞喷灌的热潮便悄悄地偃旗息鼓了;20世纪90年代末,衡水与全国许多地方一样,又一次掀起了大搞喷灌的热潮,其结果仍然以失败而告终;2014年,在衡水地下水超采综合治理项目中,国家投入喷(滴)灌资金4.9亿元,搞的基本上都是固定式喷灌,每亩投入1 000～1 500元。但据调查、验收人员说,除一个县在滹沱河河道内种植白山药的沙土地上的喷灌,农民还在使用外,其余的喷灌农民都不用。面对着一次次的挫折和失败,我不断地进行反思,并将我国的喷灌理论与国外的喷灌理论和广大农民所实施的低压管道输水长畦灌的长期生产实践反复对照。于是,我对我国的喷灌渐渐地产生了一些不同的看法,主要有以下几点。

一、喷灌是否省水

第一，我国的喷灌理论认为，喷灌较地面灌溉一般可以节省水量30%～50%。其理论根据是，喷灌避免了地面灌时容易产生的地面径流和深层渗漏损失。而据《喷灌法》和美国莫南那著的《喷灌工程》等国外的喷灌理论，他们只认为：在山区、半山区、丘陵地区，上层薄、地面坡度大的地方，发展地面灌溉，易形成地面径流；在透水性大的沙质土壤上，在地下水位埋深很浅（比如只有1 m）的地方，地面灌溉容易产生深层渗漏。而在地势平坦、土层深厚、地下水位埋藏较深的壤质土和黏土上，国外的喷灌理论从没有说过地面灌溉容易产生地面径流和深层渗漏，也从来没有说过喷灌比地面灌溉省水。二者的不同点就在于，我国的喷灌理论说的是，所有的地面灌溉在所有的土壤上都容易产生地面径流和深层渗漏损失。

我们再拿我国的喷灌理论与衡水地区广大农民在长期生产实践中实施的低压管道输水长畦灌进行比较。20世纪80年代初，我国农村实行了家庭联产承包责任制，同时，低压管道输水灌溉技术也产生了，并迅速推广，于是广大农民便将原来的土垄沟输水小畦灌改为低压管道输水长畦灌。在农田灌溉中，由于耕地被农民整得很平，地面纵坡又很小，单井出水量又不大，灌水时，农民看着灌溉水沿地面慢慢流动，一点也没有跑水，从机井里提出的水，全部灌在耕地的灌水地段内。衡水地区广大农民群众在长畦灌长期生产实践中实际采用的灌水定额，沙壤土每亩灌水一般为70 m³左右，中壤土、黏壤土、黏土每亩灌水一般为100～120 m³，这样的灌水定额，如果用土壤的有效持水量资料计算一番,其灌溉水入渗深度只有150 cm左右,完全在国外喷灌理论提供的小麦、玉米等大田作物根系能从土壤中吸取水分的深度之内。也就是说,我国的喷灌理论认为,所有的地面灌溉都容易产生地面径流和深层渗漏损失,由于喷灌避免了地面灌溉时容易产生的地面径流和深层渗漏损失,因而喷灌较地面灌溉一般可节省水量30% ~50%的说法,是值得商榷的。

第二,我国的喷灌理论还有一种说法,即大田作物畦灌每亩用水40 ~50 m³,喷灌只需20 ~25 m³,省水幅度一般在50%以上。"在他们看来,喷灌一次的灌水量较畦灌少一半,而它提供农作物生长发育的水量却一样多,它能够满足农作物生长发育用水的时间却一样长。我认为,喷灌一次的灌水量较畦灌少一半,那么,它提供农作物生长发育的水量就一定少得多,它能够满足农作物生长发育用水的时间就一定短得多。因此,喷灌的次数必须增加,否则必定减产。衡水地区某农场,1981年,70亩畦灌小麦浇了6水,亩产500斤;40亩喷灌小麦,每次喷水30 mm左右,也喷了6水,亩产却只有300斤。

第三,我认为,喷灌与低压管道输水长畦灌比较,不但不省水,相反,会浪费水。我的理论根据是,鉴于喷灌水的蒸发损失、微小水滴的飘移损失及喷洒水分布的不均匀问题,国内外的喷灌理论均在其灌水定额的设计中,设置了一个喷灌水的利用系数 η。对于这个系数,国外多采用0.7,国内多采用0.8。这就是说,国内外的喷灌理论都承认,在喷灌的过程中,有20% ~30%的水量损失掉了。

第四,除上述之外,我们还必须讲明,喷灌本来是既可以采用较大的灌水定额和较长的灌水周期,也可以采用较小的灌水定额和较短的灌水周期,但我国喷灌理论却强调,喷灌要"浅浇勤灌"。须知,越是"浅浇勤灌",喷灌水的蒸发损失就越大。每一次喷灌过后,喷灌作物的秆叶上都挂满了水珠,地面上也总是很湿,这时,水分的蒸发损失便大大增加了。因此,越是"浅浇勤灌",喷灌的次数越多,喷灌水的蒸发损失也就越大。

二、喷灌是否省工

我国的喷灌理论都说,喷灌"机械化程度高,节约劳动力。"我认为,首先,评价喷灌是否省工,不能笼统地讲,要拿本地最适用的和正在大力推广的喷灌设备来评价。美国的时针式喷灌机是高度机械化、自动化的,可以大量节约劳动力。但是,它能在我国北方平原机井灌区大规模地推广应用吗?显然是不能的,因为我们这里人多地少,且大都是方田。

半固定式喷灌和移动管道式喷灌,由于喷洒质量较高,且大都是中低压,耗能相对较少,运行费用相对较低,并适用于方田,投资也较省。首先,20世纪90年代末在我国北方平原机井灌区大力推广,这种喷灌在国外也是应用最多的。但是,这种喷灌的移动管道,过去和现在都是靠人力搬迁的。其次,评价喷灌是否省工,要看它与谁进行比较。由于上述书籍与文章均发表于20世纪70年代中后期,那时我国北方平原机井灌区还都是土垄沟输水小畦灌,低压管道输水灌溉技术还没有出现。因此,那时拿喷灌与土垄沟输水小畦灌比较是可以理解的。但是到了20世纪90年代以后,低压管道输水灌溉技术已在我国北方平原机井灌区普遍推广。这时,要评价喷灌是否省工,应该与低压管道输水长畦灌进行比较。

除此之外,同是半固定式和移动管道式喷灌,国内与国外的设计与运用是大不相同的,因而在是否省工方面也是大不相同的。在国外,在地势平坦、土层深厚且地下水位较深的地方,大田作物均采用很大的灌水定额、很少的灌水次数。另外,国外先进国家的喷头,均具有多个规格与品种。设计人员选择的喷头总是使喷洒强度低于喷灌地块上土壤的渗水率,以保证在整个喷灌过程中,地面始终不产生积水。由于灌水定额很大而喷洒强度又较低,因而一条移动支管在一个位置一次喷灌、连续喷洒的时间便较长,人们常称之为"慢喷灌"。这种"慢喷灌"设计的一次喷洒时间往往还与倒班制相结合。其倒班制通常分为昼夜三班倒、两班倒和一班倒,其一次连续喷洒的时间则分别为 7 h、11 h 和 23 h,均留 1 h 给农民搬移管道,而其他时间,农民们可以干别的活。另外,他们还常常利用夜间无风或风小、气温较低和空气湿度较大的特点,于夜间进行喷灌,而将移动管道的时间定在白天,这样,农民们夜间可照常休息,像这样的喷灌,就比较省工。

而在国内,无论在什么土质的耕地上,大田作物的灌水定额都是 30 mm 左右,管道和喷头基本上只有一种,但总的来说,我国喷灌的喷洒强度较高。由于我国的灌水定额很小,喷洒的强度又较大,因而一条移动支管在一处连续喷洒的时间就较短,一般只有 2 h 左右,这样负责搬迁移动管道的农民就得守在现场;由于灌水定额小,喷灌的次数就多,搬迁移动管道的用工次数也就必然会多。1977 年,衡水地区某大队,利用锦纶塑料软管和"工农一号"塑料喷头,安装了 5 套移动管道式喷灌设备,他们于青年民兵中挑了一批人,组成了喷灌专业队。1978 年春,他们昼夜不停地喷灌,利用一眼深井的水源,将450亩小麦喷了6~7水,每次的灌水定额都在30 mm左右。由于该村的地都是黏土,土壤渗水慢,喷灌后,地上是一片泥水,而半米多高的小麦上,喷灌后都挂满水珠。那时候,谁家也没有长筒雨靴,更没有防水的雨裤。喷灌专业队的人到刚喷灌过的麦田里搬运移动管道,一个个都是脚踩两脚泥,裤子都是湿的;特别是春天的晚上,气温还很低,天黑人们看不清,工作困难,人们一晚上都穿着湿透了的裤子,这个罪是不好受的。如今,移动管道由塑料管换成了铝合金管,喷头由塑料喷头换成了金属喷头,但工作量没有减少,工作环境和条件没有改善,也看不见机械化和自动化的前景。

在20世纪70年代,那时,在我国北方平原机井灌区,还都是土垄沟输水小畦灌,不仅垄沟及畦埂占地多,土垄沟输水跑水及渗漏水量损失大,每年的垄沟维修、筑畦埂及浇地用工也比较多。如今,在低压管道输水长畦灌推广以后,大量的垄沟及畦埂占地没有了,输水过程中的跑水及渗漏等水量损失没有了,年年维修垄沟及大量修筑畦埂的用工也没有了。浇地时,仅需一个人守在地边,看着井水在地面慢慢流,当地块较长、地面移动的塑料薄壁软管比较长时,农民们总是把水送到远端退着浇,根本用不着踩泥。一节软管的长度或20~30 m,或40~50 m,用完后排净里面的水把它卷起来,搬迁也比较容易。另外,灌水次数又少,总之,用工既少,劳动强度也低,工作环境和工作条件也较好。

三、喷灌是否可以结合施入化肥和农药,是否可以用于防霜冻

我国的喷灌理论认为,喷灌可以结合施入化肥和农药,还

可以用于防霜冻。对此,我均有不同的看法。首先,我们说结合施入化肥的问题。前面我们讲过,国内外的专家都承认,喷洒水分布的不均匀问题,既然如此,如果把施化肥与喷灌相结合,那么,喷水量多的地方,化肥也就施得多,喷水量少的地方,化肥也就施得少。

其次,再说喷灌结合施入农药的问题。据我所知,喷洒农药的喷雾器,其喷洒的水滴比喷灌的水滴小得多。现在先抛开这一层不去管它,就是先假如喷灌的水滴等各方面均符合喷洒农药的要求。据了解,利用机动喷雾器喷洒农药,每亩1次需喷洒加好农药的水 10 L,利用手动喷雾器喷洒农药,每亩一次需喷洒加好农药的水 45 L 左右。假如我们把地块的长度和移动支管的长度均按 200 m 粗略计算,移动支管的间距按 18.3 m 计算,那么,其一次控制的面积为 5.5 亩。用机动喷雾器和手动喷雾器对 5.5 亩农作物喷洒农药,需用加好农药的水分别为 55 L 和 248 L。假如我们用于喷灌的设计流量为 30 m³/h,即 8.3 L/s,那么,喷洒完上述加好农药的水仅需 6.6 ~ 30 s。而后必须立即停机搬迁移动管道。这时,充满移动管道内已加好农药的水,在搬迁移动管道时,必须全部倒掉。假如移动管道的内径为 2.5 in,那么,200 m 移动管道内已加好农药被倒掉的水为 633 L,是利用喷雾器单独喷洒农药量的 11.5 ~ 2.6 倍。这不仅是严重的浪费,而且会严重污染环境。

最后,我们再说喷灌可用于防霜冻的问题。据有关资料介绍,用于防霜冻的喷灌设备是按照在全部面积上同时进行喷水而设计的,非固定式喷灌不可。这种固定式喷灌的设计流量是通常的固定式喷灌的 12 ~ 20 倍,因此造价也比通常的固定式喷灌昂贵得多。在我国北方平原机井灌区大面积大田作物区,自20世纪90年代后半期以来,受经济条件的限制,在这里推广的大都是半固定式或移动管道式喷灌。

四、喷灌是否有利于增产

我国的喷灌理论认为,由于喷灌可以采取较小的灌水定额对作物进行浅浇勤灌,便于严格控制土壤水分,使土壤湿度维持在作物生长的适宜范围内。我认为,实际情况与其恰恰相反。每次喷灌30 mm,喷灌周期仅为4.7 d,在冬小麦全生育期内,喷灌次数将特别多,不仅喷灌水蒸发损失大,若利用半固定式或移动管道式喷灌,搬迁移动管道用工也特别多;小麦拔节以后,进入旺长阶段,耗水量特别大,而每年的4~5月,我国华北地区风多风大,喷灌又特别怕风,当风力超过3级时,必须停喷。由于灌水周期特别短,受风的影响,在设计的灌水周期内,常常完不成喷灌任务,因而无法严格控制土壤水分,使土壤湿度不能维持在作物生长的适宜范围内。另外,每次喷灌30 mm,在中壤土、黏壤土和黏土地上,只能湿透20~22 cm的土壤,下面的土壤得不到水分,因而作物根系只能集中在20 cm左右的范围内,使作物不能从深处吸取土壤水分和养分,其抗旱能力将很差。这些都不利于作物增产。

除此之外,我国的喷灌理论界有人说,喷灌有利于增产。但是,片面地强调省水,使土壤水分都不能满足它丰产的最低需求,那么,即使土壤再疏松,土壤的团粒结构保持得再好,空隙再多,通气条件再好,茎叶上的尘沙冲洗得再干净,也注定是要减产的。正是由于这个原因,20世纪70年代到80年代初,我亲眼看到的都是喷灌小麦的严重减产,没有一个增产的。比如某农场由美国引进的时针式喷灌机,是一种很好的喷灌机。但在 1979 年麦收前,我到该农场参观考察时,我从 1台喷灌机喷灌的麦田外围开始,穿过它的圆心,从一端走到另一端。我所看到的情况是:在时针式喷灌机控制的范围以外,是畦灌的麦田,这里的小麦又高又密,完全是一片大丰收的景象;在畦灌与喷灌的交界处,下面既有畦灌,上面又有喷灌机最外围的大喷头喷灌,显然是由于灌水量过大,小麦都倒伏了;再往里走,便是纯喷灌的范围,这里的小麦又矮又稀,俨然一幅旱地麦的景象,其边界之整齐,简直就像用圆规画的一样。这是怎么一回事呢? 据说,该农场的土壤是黏土。是设计的灌水定额太小造成的。

再如衡水地区某农场,搞了 40 亩固定式喷灌,是我亲自为他们设计的。固定管道采用聚氯乙烯硬塑管,喷头为"工农一号"塑料喷头。这种喷头运行可靠,喷头间距和支管间距等各方面均符合国内外喷灌理论的要求,该农场的地也均为黏土。1981 年 5 月 16 日,到达现场以后,我看到的情况是:旁边畦灌的小麦又高又密,完全是一片丰收景象;40 亩固定式喷灌的麦田,小麦又矮又稀,都快干死了;而每个安装喷头的立管处,由于喷头与立管的结合部漏水,每次喷灌时总是边喷边漏水,漏水顺着立管向下流,使每个喷头周围近 1 m 半径的圆面积内,多得了不少水,因而这里的小麦又高又密,从上到下的麦叶还都是绿的,长得非常好。其对照是如此的明显。

五、喷灌的年运行费用是否比低压管道输水长畦灌高

由于喷灌比地面灌溉增加了几十米的扬程,其耗能必然

显著增加,再加上设备的维修费与折旧费,其年运行费用比地面灌溉必然大幅度增加。因此,国外的喷灌理论均把它列为喷灌的缺点之一。而国内的喷灌理论,却完全回避了这一问题。在我国喷灌理论界的人们看来,喷灌既然比地面灌溉省了那么多水,其运行费用还会高吗? 我国某喷灌专著就指出,对高扬程提水灌区和深井灌区,省水还意味着省动力,降低灌水成本。而今,既然喷灌如何省水的神话已被我们彻底打破,那么,喷灌较地面灌溉年运行费用高这个缺点,便不用质疑了。

六、关于喷灌灌水定额、灌水周期和灌溉制度问题

关于喷灌灌水定额的设计理论和计算公式,国内外基本上是一样的,即均为:

$$m = \frac{ahp}{\eta} \tag{10-1}$$

式中　　m——设计灌水定额,mm;

　　　　a——允许消耗的水分占土壤有效持水量的比值,大田作物国内外均采用0.67;

　　　　h——计算土层深度,cm,国外采用作物深入土中吸收水分的深度:果树、紫花苜蓿、高粱采用180 cm,小麦、玉米、谷子等大田作物采用150 cm,胡萝卜、茄子、夏南瓜等采用90 cm,卷心菜、马铃薯、菠菜等采用60 cm,而国内则采用作物主要根系活动层深度,一般大田作物采用40~60 cm,蔬菜采用20~30 cm;

　　　　P——土壤有效持水量,mm/cm,国内外采用的数值完

全相同:沙土为 0.70,沙壤土为 1.05,中壤土为
1.60,黏壤土为 1.75,黏土为 1.70;

η——喷灌水的利用系数,国外多采用 0.7,国内多采
用 0.8。

按照上述公式,如果 h 采用 40 cm,η 采用 0.8,那么,国内
小麦等大田作物在不同土壤上的设计灌水定额分别为:沙土
23.5 mm,沙壤土 35.2 mm,中壤土 53.6 mm,黏壤土 58.6
mm,黏土 57.0 mm。

首先,我国的喷灌理论设计出了上述大田作物这样最小
的喷灌灌水定额之后,还嫌它不够小,又说,目前在我国喷灌
生产实践中,小麦、玉米等大田作物的灌水定额一般为 15 ~
25 m^3/亩,即 22.5 ~ 37.5 mm。这个数据仅与上述沙土与沙
壤土的设计灌水定额相符,而仅相当于中壤土、黏壤土和黏土
设计灌水定额的 38.4% ~ 70%。而且不管什么土壤,其灌水
定额都一样,都是 30 mm 左右。

其次,国内外关于喷灌设计灌水周期的理论和计算公式
也完全是一样的,即

$$T = \frac{m}{W}\eta \qquad (10\text{-}2)$$

式中　T——灌水周期,d;

m——灌水定额,mm;

W——农作物对土壤水分消耗的最大速率,mm/d,国
内外采用的不同气候条件下,农作物对土壤水
分消耗的速率也完全相同;

η——喷灌水利用系数。

我国的某喷灌专著在讲解设计灌水周期时,在举例中列

举了河北省某地玉米的设计喷灌灌水定额为 35 mm 并计算出其设计灌水周期为 5.6 d 后,又讲,目前生产实践中,大田作物设计喷灌周期常用 5~10 d。

最后,我国的某喷灌专著,又提出来几个省(市)的喷灌灌溉制度供大家学习参考,其中,有 2 个市的冬小麦喷灌灌溉制度。该专著还列举了以往地面灌溉条件下,"华北地区冬小麦各生育阶段耗水情况"的试验成果。该试验成果表明,华北地区冬小麦全生育期的耗水量为 461.7 mm,其中拔节—抽穗期的 34 d 内,平均日耗水量为 4.39 mm,抽穗—灌浆期 14 d 内,平均日耗水量为 7.46 mm。而某市的喷灌灌溉制度中,冬小麦拔节—抽穗期间,灌水定额为 30 mm,灌水周期为 30 d,即平均日供水量为 1.0 mm,在抽穗—灌浆期间,其灌水定额分别为 30 mm 和 25.5 mm,灌水周期为 10 d 和 11 d,即平均日供水量为 2.6 mm;在另一个市,冬小麦喷灌试验灌溉制度中,在拔节—孕穗期,其灌水定额为 27 mm,灌水周期为 11 d,即平均日供水量为 2.5 mm,在孕穗—灌浆期,其灌水定额为 27 mm,灌水周期为 9 d 和 10 d,即平均日供水量 2.8 mm。

上述 2 市的喷灌灌溉制度中,在冬小麦的全生育期内,某市冬小麦的灌溉定额为 202.5 mm,另一个市冬小麦的灌溉定额为 189 mm。若将上述两个灌溉定额再乘以喷灌水的利用系数 0.8,则实际灌到田间的水量分别为 162~151.2 mm,比地面灌溉条件下华北地区冬小麦全生育期的耗水量 461.7 mm 少 299.7~310.5 mm。我国的喷灌理论正像某喷灌专著那样,起初极力推崇"浅浇勤灌",但到讲灌水定额、灌水周期和灌溉制度时,却把"浅浇勤灌"变成了"浅浇少灌"。这样的灌水定额、灌水周期和灌溉定额,若在降雨充沛、地下水位高的地方采用也许问题不大。如 1974 年在某大队试验,该大队为中壤土,地下水埋深仅 1 m,4 月 29 日喷水 24 mm,由于地下水源源不断地向上层土壤供水,9 d 以后,10~50 cm 土层土壤含水率为 18.1%~20.7%,仍相当于田间持水量的 82.3%~94.1%,在这种条件下,灌水定额小,底墒也充足,灌水周期长,土壤水分也不缺。

然而,在我国北方平原地势平坦、土层深厚、地下水位埋藏较深的壤质土和黏土的广大地区,在降雨十分稀少的干旱季节,我国的喷灌专家不应向国人推荐如此"高度节水"的喷灌制度。

七、关于喷灌的田间试验问题

我对喷灌的认识与看法,与我国的喷灌理论有很多的分歧和不同,但最主要、最重大的分歧是灌水定额、灌水周期等灌溉制度方面。我国的喷灌理论起初极力推崇"浅浇勤灌",说它可以大大地省水、省工、增产等,而实际推行的却是"浅浇少灌",以生产实践的名义提出了不分什么土质,大田作物的灌水定额均为 30 mm 左右,灌水周期均为 10 d 左右,这样的灌溉制度,在我国北方平原地势平坦、土层深厚、地下水位较深的广大的机井灌区,在冬小麦生育期内降雨十分稀少的干旱季节,虽说有些田间试验,实施的灌溉制度也都是"浅浇少灌",并且取得了丰产。那么,它能说明"浅浇少灌"也能使小麦丰产吗?它能说明喷灌较地面灌溉能如此大幅度地省水吗?我认为都不能。因为一块儿试验地为中壤土,地下水埋深仅 1 m;而另一块儿试验地,小麦全生育期降雨 292.1 mm,6 月地下水位埋深在 1.5~2.0 m。也就是说,上述田间试验是在特殊条件下进行的,缺乏代表性,经不住推敲。我国一次又一次地大搞喷灌,屡遭挫折失败,我认为最主要的原因就是片面强调省水的喷灌制度造成的。不管什么样的喷灌设备,不管喷灌有多少优点,只要喷灌的小麦严重减产了,广大农民也会把这些喷灌设备弃之不用。

既然矛盾的焦点和我们之间认识的最主要的分歧都集中在喷灌的灌水定额和灌水周期这个问题上;既然国外在地势平坦、土层深厚、地下水埋深较大的壤质土和黏土地上,在降雨十分稀少的干旱季节,普遍采用很大的灌水定额、很低的喷洒强度、一次喷洒时间很长、灌水周期也较长的"慢喷灌",我们也可由国外引进一批"慢喷灌"的半固定式或移动管道式喷灌设备,把它布置在我国北方平原的同类地区,并采用国外同类地区的喷灌制度,将它与我国的"浅浇勤灌"和"浅浇少灌"的喷灌制度,开展一系列对比试验,并连续做几年。倘若如此,那么,究竟哪个丰产,哪个减产;哪个较为省水,哪个较为浪费水;哪个省工,哪个费工等,到时候就一目了然了。

八、多年来,我国的移动管道和喷头品种规格太少,无法因地制宜地设计喷灌工程

西方发达国家的喷灌,总是根据不同的作物和土壤设计出不同的灌水定额,又根据不同土壤的吸水率,选定喷洒强度与之适应的喷头,使喷头的组合喷洒强度低于土壤的吸水率,从而使之在整个喷灌过程中,地面始终不产生积水;另外,又根据移动支管的长度、设计流量的大小、一条移动支管上喷头的数量和设计工作压力等来选择移动管道的管径,使 1 根移动管道最大的水头损失小于喷头设计工作压力的 20% ,以保

证 1 条移动支管喷头的喷水量之差小于 10%，使所有喷头均在设计范围内工作。因此，一个喷灌公司供应的移动管道的管径和喷头有多个品种与规格。

而我国，喷头的品种、规格太少，现有的喷头喷洒强度较大，在黏质土壤上，一般 1~2 h，地表便产生积水，若继续喷下去，其积水则更为严重，花了那么多钱做的喷灌，运行费又高，其结果与地面灌溉无异，甚至还不如地面灌溉灌水均匀。根据农民的经验，在黏质土上，必须灌大水，作物才能丰产，因此农民说"喷灌不能浇大水"，便把喷灌设备弃之不用。如果我们参照国外的经验，在此类地区采用较大的喷灌灌水定额，并选用与之适应的低喷洒强度的喷头，在整个喷灌过程中，使地表始终不产生积水，满足了广大农民浇大水的要求，结果喷灌作物丰产了，甚至增产了，那么这样的喷灌设备就有可能不被废弃，这样的喷灌试点就有可能继续进行下去。因此，研制或者引进技术建厂生产多种品种与规格的喷头和移动管材，特别是低喷洒强度的喷头是必要的。